U0338125

◎国家社会科学基金项目（17CJY022）成果

长江经济带重金属污染风险防范研究

◎熊立新　著

中国矿业大学出版社

China University of Mining and Technology Press

· 徐州 ·

图书在版编目（CIP）数据

长江经济带重金属污染风险防范研究 / 熊立新著

. — 徐州：中国矿业大学出版社，2022.10

ISBN 978-7-5646-5577-8

Ⅰ. ①长… Ⅱ. ①熊… Ⅲ. ①长江经济带－重金属污
染－污染防治－研究 Ⅳ. ① X5

中国版本图书馆 CIP 数据核字 (2022) 第 192228 号

书　　名	长江经济带重金属污染风险防范研究	
	Changjiang Jingjidai Zhongjinshu Wuran Fengxian Fangfan Yanjiu	
著　　者	熊立新	
责任编辑	章　毅	
责任校对	王慧颖	
出版发行	中国矿业大学出版社有限责任公司	
	（江苏省徐州市解放南路 邮编 221008）	
营销热线	（0516）83885370　83884103	
出版服务	（0516）83995789　83884920	
网　　址	http://www.cumtp.com　**E-mail**：cumtpvip@cumtp.com	
印　　刷	湖南省众鑫印务有限公司	
开　　本	710 mm×1000 mm　1/16　**印张** 15.5　**字数** 273 千字	
版次印次	2022 年 10 月第 1 版　2022 年 10 月第 1 次印刷	
定　　价	88.00 元	

（图书出现印装质量问题，本社负责调换）

熊立新 男，湖南长沙人，博士，中南林业科技大学副教授，硕士生导师，英国班戈大学访问学者，湖南省青年骨干教师，主要从事生态经济、产业数字化转型等方面的研究。

近年来一直聚焦于长江经济带生态、资源与环境相关问题研究，在多角度研究该区域生态安全风险防范方面形成了一系列成果。主持国家社会科学基金、湖南省社会科学基金、湖南省智库课题等科研项目13项；出版专著1部；在 *Ecological Indicators*、*Environmental Geochemistry Health*、《北京科技大学学报》等 SCI、EI 学术期刊上发表学术论文30余篇；担任 *Economic Analysis and Policy*、*Environment、Development and Sustainability* 等期刊的审稿人。

前　言

《长江经济带发展规划纲要》（以下简称《纲要》）确立了长江经济带"一轴、两翼、三极、多点"的发展新格局，明确了其既是我国新一轮改革开放转型升级的经济带，也是生态文明建设的示范带。良好的自然资源禀赋和多年的开发建设，该区域已成为我国农业、工业、商业、文化教育和科技各领域最发达的地区之一，但同时面临诸多亟待解决的问题，如能源及金属产业转型升级任务艰巨、重金属污染等环境问题突出、环境风险防范区域合作机制欠缺等。因此，如何按照《纲要》的要求，实现保护长江流域生态环境、降低重金属污染风险、强化区域分工协作的目标，成为一项重要课题，亟须加强研究。

《长江经济带重金属污染风险防范研究》一书在国家建设长江经济带的大背景下，运用新技术、新手段辨析区域内重点工业区重金属污染源、调查重金属污染分布状况、研究重金属迁移规律、开展重金属污染风险评估、研究重金属污染风险传导链、提出重金属污染风险全过程防范模式、研究重金属污染风险数据共享与可视化表达方法、构建重金属污染风险区域协同防范机制、解决长江经济带重金属污染风险防范的关键科学性问题，为长江经济带环境管理和区域经济的可持续发展提供决策支持。

本书共九章，主要内容包括：

（1）开展了长江经济带重金属污染及风险防范现状调查，获得了4万份样本数据，梳理了近千份相关理论、政策和企业管理文件；基于环境管理、生态经济学等理论，辨析了长江经济带重金属污染风险防范存在的5类问题，揭示了重金属污染风险防范的主要影响因素。

（2）根据长江经济带重金属污染现状和国家生态环境保护相关规定，提出了长江经济带重金属污染风险防范机制的基本内涵，确定了长江经济带重金属污染风险防范机制的原则、工作内容、技术手段和行为主体，为各区域有效应用重金属污染风险防范机制提供理论基础。

（3）开展了重金属污染源集成管理研究，进行了重点区域重点企业重金属污染排放调查及污染源解析，并以湘江流域为研究样本，运用 WASP 模型软件，构建了湘江流域二维水质模型，分析得到了该区域砷、铅、镉浓度时间分异特征和空间耦合关系，从关键污染物、污染来源、污染途径、迁移方式、空间分布和城乡差别角度揭示了湘江流域重金属污染迁移和分布规律，为有效管控重金属污染源提供决策依据。

（4）进行了重金属污染风险评估及应用研究，构建了长江流域重金属污染风险评价体系，确定了模糊综合评价方法。以皖南大型铜矿为研究样本，构建了大型矿区生产区、居住区、道路、河流等的精确地表三维模型，综合运用单因子风险评价法和潜在生态风险评价法完成了该区域健康风险评价和环境安全风险评价，获得了模糊综合评价结果，突破了大型矿区重金属污染风险难以可视化定量分析的技术瓶颈。

（5）开展了重金属污染风险全过程管理研究，厘清了重金属污染风险传导链，确定了计算污染事故发生概率的方法，并构建全过程风险管理体系来满足日益复杂的风险管理需求。以赣北大型化工厂为研究样本，基于重金属污染风险全过程管理理论，构建了区域范围内重金属污染风险事前、事中、事后的管理措施及应急预案。管理实践表明该预案为化工厂安全生产提供了制度保障。

（6）进行了区域协同的重金属污染风险防范机制仿真分析，明确了重金属污染风险防范中各行为主体进行演化博弈的目的，厘清了各主体的行为互动机制和利益诉求，分别构建了政府、企业、公众间的纵向博弈模型和相邻地方政府间的横向博弈模型，研究得到了多情景下博弈系统快速收敛的策略组合。以湘、鄂两省养殖业为研究样本，开展养殖业重金属污染风险防范各行为主体演化博弈实证研究，研究表明"中央政府驱动—地方政府扶持—企业和农户间合理的利益分配与激励机制"是保障企业与农户选择资源化利用策略稳定性的重要手段，验证了博弈策略组合的有效性。

（7）开展了全域重金属污染风险信息管理研究，依托城市数字平台，分析了长江经济带重金属污染风险信息共享互通的管理需求，实现了对重金属污染源在线监控、监测数据管理、多源数据融合和数据分析与辅助决策功能集成，开发了全域重金属污染风险信息管理系统，为各主体环境管理决策、综合执法及突发事件管理提供决策支持。

（8）在新发展阶段，为进一步提升长江经济带重金属污染风险防范机制作用，从以下几方面提出了政策建议：加大区域协同，促进环境管理理性决策；强化污染普查，推进污染源集成管理；依托城市数字化平台，提高综合执法能力；推广绿色国内生产总值（gross domestic product，GDP）理念，改善政府绩效考核体系；综合运用市场手段与政府力量，完善环保奖惩机制；壮大环境保护力量，支持环保机构发展；鼓励公众积极参与，完善公众监督渠道。

本书坚持理论分析与实际应用结合，综合运用环境监测与治理、环境信息化技术、风险评价、系统仿真与模拟、信息系统开发等手段，对长江经济带重金属污染风险防范机制及其应用进行了深入研究，对重金属污染源集成管理、污染风险传导、涉重金属环境决策和综合执法等具有重要理论意义和应用价值。研究成果已成功应用于长江经济带多家工业园区和涉重金属企业的污染风险防范实践中，取得了良好的实际效果。

本书由熊立新老师课题组历时五年完成，期间有三届硕士研究生全程参与本书的研究和撰写，包括闫娜娜、宋佳威、王静、宁佳钧、李星佑、许文翼、董云鹤和代萌萌。

在本书写作过程中参考了大量的国内外文献，大多数都已注明了出处，但在个别地方也可能由于粗心会有遗漏，在此我们向参考过的中外文献的作者表示衷心的感谢。我们还特别感谢调研过程中给予支持的企业和政府部门领导，以及中国矿业大学出版社的编辑，排版、印刷的老师们，他们都为本书的出版奉献了辛勤的劳动。

由于学识浅薄，书中定会有不少的谬误，我们期盼读者批评指正。

熊立新

2022年8月于长沙

目　　录

第一章 绪 论

作为新时代国家三大发展战略之一，长江经济带是构建"双循环"发展格局的关键经济区，也是中国经济高质量发展的"发动机"。然而，长江经济带目前面临严重的"重金属围江""重化工围江"局面：长江沿岸分布着40余万家化工企业、五大钢铁基地、七大炼油厂，以及湖南省、江西省、安徽省、江苏省等地大型重金属采选、冶炼和石油化工基地。2007年以来，长江流域废污水排放量突破300亿 t，长江经济带的环境承载力已接近极限。研究长江经济带产业、人口、水文、气象和发展规划情况，分析长江流域重金属污染的背景资料和理论基础可为后续评估和防控措施提供方向性决策支撑 [1-3]。

第一节 研究背景

长江经济带覆盖上海市、江苏省、浙江省、安徽省、江西省、湖北省、湖南省、重庆市、四川省、云南省、贵州省共11个省市，总面积为205.4万 km²，占全国土地面积的21.4%。常住人口5.81亿，占全国总人口的42.7%。横跨中国东、中、西三大区域，具备独特优势和巨大的发展潜力。改革开放以来，长江流域已成为我国综合实力最强、发展潜力最大的地区之一 [4-6]。

一、水文特征

长江作为中国和亚洲最大河流，同时也是世界第三大河流 [5-6]，源自青海省唐古拉山脉，最后汇入上海崇明岛附近的东海。长江干流流经青海、西藏、四川、云南、重庆、湖北、湖南、江西、安徽、江苏、上海等11个省（自治区、直辖市），数百条支流延伸到贵州、甘肃、陕西、河南、广西、广东、浙江、福建等8个省的部分地区，流域面积达180万 km²，约占中国陆地总面积的1/5。同时长江还是我国水量最丰富的河流，2021年水资源总量为11 186.18亿 m³，占全国径流总量的36%，为黄河水量的20倍。长江资源丰富，支流和湖泊众多，哺育着华夏的南部土地，形成了我国承东启西的现代重要经济纽带。

长江流域气候温暖，雨量多，但面积广，地形变化大，气候类型多样，洪水、干旱、冰雹等自然灾害频繁。长江中下游有明显的四季，冬季寒冷，夏季炎热，年平均气温为16~18 ℃，夏季最高气温约40 ℃，冬季最低气温为 -4 ℃左右；四川盆地气候比较温暖，冬季气温比中下游上升约5 ℃；昆明周围地区四季如春，金沙江峡谷地区有典型的立体气候；江源地区是典型的高温寒冷气候，年平均气温为 -4.4 ℃，四季如冬，干燥，气压低，日照长、冰雹和大风频繁。

长江水力资源丰富，河流夏季水位高、水量大，冬季形成枯水期，河流含沙量小，冬季无结冰期，中上游流速较快，下游流速较慢。受降水的影响，长江夏季的水位很高，水量大；冬季水量减小，水位降低，形成枯水期。长江流域雨季较长，受其影响长江汛期较长。由于长江没有结冰期，没有凌汛，长江流域冬季平均气温高于0 ℃，所以，长江流域生态环境相对较好。

二、河流水系

长江水系分为雅砻江、岷江、嘉陵江、乌江、汉江、沅江、湘江、赣江和洞庭湖、鄱阳湖、太湖等主要水系。表1-1是长江干流及8大支流数据。

表1-1　长江干流及8大支流数据

水系名称		流域面积 / 万 km²	河长 / km
长江干流		180.000 0	6 300
长江支流	雅砻江	12.843 9	1 571
	岷江	13.588 1	711
	嘉陵江	15.895 8	1 345
	乌江	8.790 0	1 050
	汉江	15.900 0	1 577
	沅江	8.916 3	1 033
	湘江	9.472 1	856
	赣江	8.350 0	991

（一）雅砻江水系

雅砻江发源于巴颜喀拉山南麓，是金沙江的最大支流，经青海省流入四川省，于攀枝花市三堆子入金沙江，为横断山区北南向的主要河系之一。全长1 571 km，四川境内1 357 km，流域面积达12.84万 km²。

雅砻江流域属川西高原气候区，年降雨量在上游区为600~800 mm（河源为500~600 mm），中游区为1 000~1 400 mm，下游区为900~1 300 mm。雅砻江径流的一半由降水形成，其余为地下水和融雪（冰）补给，径流年际变化不大，丰沛而稳定，河口多年平均流量为1 890 m/s，年径流量为596亿 m³。丰水期（6~10月）径流量占全年的77%。雅砻江中下游处于川西和安宁河两大暴雨区内，为洪水主要来源地区，其洪水特性是峰高、量小、历时短。6~9月为主汛期，洪水大多发生于7~8月，与长江中下游洪水大体同步。流域上、中游地区含沙量较少，下游洼里至小得石区间是雅砻江流域主要产沙区，多年平均悬移质输沙量为4 190万 t。

（二）岷江水系

四川岷江全长约711 km，流域面积为13.59万 km²。流域的左岸和右岸之间存在很大的测量差异。右岸地势险峻，山大沟深，土地稀少，雨量充沛，森林茂密，植被覆盖率高，径流密集，是流域主要的水源保护区和河流补给区；左岸地形相对平坦，人口稠密，降雨量较少，由于过度开垦导致森林覆盖率极低和土壤严重侵蚀，是河流洪水的来源区。

（三）嘉陵江水系

嘉陵江发源于秦岭北麓的陕西凤县代王山。干流流经陕西省、甘肃省、四川省、重庆市，在重庆市朝天门汇入长江。全长为1 345 km，流域面积为15.90万 km²，是长江支流中最大的流域之一，长度仅次于雅砻江，流量仅次于岷江。嘉陵江左岸支流长而多，右岸多短小干沟。

（四）乌江水系

乌江是贵州省最大的河流，源于贵州省威宁县香炉山花鱼洞，流经黔北及渝东南酉阳彭水，流入重庆市涪陵区注入长江。乌江干流长为1 050 km，流域面积为8.79 km²。乌江水系以羽状分布，地势西南偏高、东北偏低。由于地形高度差异很大，切割强，自然景观的垂直变化很明显。它以其急流、众多海滩和狭窄的山谷而闻名于世，被称为"天险"。

（五）洞庭湖水系

洞庭湖位于长江中游荆江南岸，流经岳阳、汨罗、湘阴、望城、益阳、沅江、汉寿、常德、津市、安乡、南县等县市。洞庭湖水系由洞庭湖和入湖的湘江、资水、沅江、澧水4条河流以及直接入湖的汨罗江、新墙河等中小河流组成。

（六）汉江水系

汉江是长江最大的支流，流经陕西、湖北两省，在武汉市汉口龙王庙汇入长江。河长1 577 km，流域面积1959年前为17.43万 km²，位居长江水系各流域之首；流经江汉平原，河道蜿蜒曲折逐步缩小，湖北省境内为中下游段，汉江水系呈格子状排列，两岸支流较短，左岸支流较右岸支流发育。

（七）鄱阳湖水系

鄱阳湖是中国最大的淡水湖，也是中国第二大湖。位于江西省北部，南北长173 km，东西宽74 km，平均宽度为16.9 km，湖岸线长1 200 km，面积为4 125 km²（湖口水位为20.5 m 时），平均水深为8.4 m，最深点约25.1 m，容积约为276亿 m³。鄱阳湖水系流域面积为162 200 km²，约占江西省流域面积的97%，占长江流域面积的9%；年平均径流为1 525亿 m³，约占长江流域年平均径流的16.3%。鄱阳湖水系以鄱阳湖为中心，由赣江、抚河、信江、饶河、修水五大河流和各级支流，青峰山溪、博阳河、樟田河、潼津河等小河，以及其他季节性的小河溪流组成。

（八）太湖水系

太湖位于长江三角洲的南缘，是中国五大淡水湖之一，横跨江苏、浙江两省，太湖湖泊面积为2 427.8 km²，水域面积为2 338.1 km²，湖岸线全长393.2 km。其西侧和西南侧为丘陵山地，东侧以平原及水网为主。太湖地处亚热带，气候温和湿润，属季风气候。太湖河港纵横，河口众多，主要进出河流50余条。平均年出湖径流量为75亿 m³，蓄水量为44亿 m³。太湖岛屿众多，达50多个，其中18个岛屿有人居住。

三、地形地貌

长江流域位于东经 90°33′~122°25′，北纬 24°30′~35°45′ 之间，呈多级阶梯性地形，从河源到河口，地势西高、东低，形成了三大阶梯。第一阶梯由青海南部、四川西部和横断山区组成，总海拔为 3 500~5 000 m；第二阶梯为云南高原、四川盆地和鄂黔山地，总海拔为 500~2 000 m；第三阶梯由长江中下游的平原、山地和江南丘陵组成，总体海拔低于 500 m，流域内的地貌类型众多，包括山地、丘陵、盆地、高原和平原。

四、气象条件

长江流域年平均降雨量为 1 067 mm，面积大，地形复杂。季风气候非常典型，年降雨量和暴雨的时空分布很不均衡。河源地区的年降雨量低于 400 mm，是一个干旱地区；流域大部分地区的年降雨量为 800~1 600 mm，是湿润地区；年降雨量超过 1 600 mm 的特别潮湿地区主要位于湖北省部分地区、湖南省、江西省、四川盆地西部和东部边缘；年降雨量为 400~800 mm 的半湿润地区，主要位于四川高原、青海省、甘肃省部分地区和汉江中部北部；年降雨量超过 2 000 mm 的地区分布在相对较小的山区。四川省荥经县金山站年降雨量达到 2 590 mm，是整个流域之冠。长江流域全年降雨量分布十分不均，冬季（12月至1月）降雨量是全年最低值。春季（3月至5月）降雨量逐月增加，长江中下游月降雨量在 6~7 月达到 200 mm。长江流域大多数地区年降雨天数超过 140 d，四川省雅安市和峨眉山地区年降雨天数最多，分别为 218 d 和 264 d。

五、相关产业概况

在国民经济发展中，长江经济带具有重要的战略地位，沿线有上海市、江苏省、浙江省、安徽省、江西省、湖北省、湖南省、重庆市、四川省、贵州省、云南省，面积约为 205 万 km²，占全国的 21%，人口和经济总量均超过全国的 40%，2020年相关区域 GDP 如表1-2所示。依托水运、水电优势，化工、钢铁、有色金属、医药等高污染产业向长江沿岸集中，长江流域的重金属产业主要包括化工和有色金属相关产业。

表1-2　2020年长江流域11个省（市）数据

	国内生产总值			增长速度	
	排名	按现价计算/亿元		排名	按不变价计算/%
江苏省	1	102 719	贵州省	1	4.5
浙江省	2	64 613	云南省	2	4
四川省	3	48 599	安徽省	3	3.9
湖北省	4	43 443	重庆市	3	3.9
湖南省	5	41 781	江西省	5	3.8
上海市	6	38 701	湖南省	5	3.8
安徽省	7	38 681	四川省	5	3.8
江西省	8	25 692	江苏省	8	3.7
重庆市	9	25 003	浙江省	9	3.6
云南省	10	24 522	上海市	10	1.7
贵州省	11	17 827	湖北省	11	−5

（一）化工产业

长江流域是我国重要的石油化工、化肥、农药、涂料和无机化工原料的生产基地，在全国占有举足轻重的地位。根据国家统计局2010年数据，长江经济带规模以上化工企业有12 158家，占全国化工企业数量的46%；化工行业产值为47 260亿元，占全国化工行业产值的41%。长江流域造纸工业的污染物排放集中在湖南省、四川省、湖北省、安徽省、重庆市五个地区；在化工行业化学需氧量（chemical oxygen demand，COD）排放中，江苏省占28%，湖南省占18%，湖北省占16%，四川省占13%，共占长江流域化工行业排放的75%；在氨氮排放中，湖南省占41%，湖北省占23%，四川省占15%，江苏省占6%，共占长江流域化学品制造业氨氮排放量的85%。湖南、湖北、安徽等地是长江流域化学工业污染物排放的集中地。

湖南省石油化工是我国石油工业的重要组成部分，也是该省的支柱产业之一。省会长沙市2012年化工企业近2 000家，年销售额近200亿元。长株潭城市群作为精细和基础化工的主要生产基地，已成为与岳阳石化原料、下游市场和相关产业相连接的新型化工材料加工的重要基地，形成了湖南连锁石油化工完整的产业链。株洲市以株洲化工和智成化工为主要企业，主要产品有硫酸、烧碱、树脂、钛白粉、化肥等化学产品,2018年公司主营业务收入达72.87亿元。长沙市以海利高科技、湘江涂料和丽臣实业为主,主要产品包括涂料、有机颜料、洗涤剂和其他精细化学品,2018年其主营业务收入达86.3亿元。

化工产业也是湖北省工业的重要支柱产业。湖北省的沿江地带是中国重要的化工生产基地,依托得天独厚的资源优势,聚集了全省1/2以上的化工生产力,对全省经济发挥着积极的作用。武汉市近年来重点建设武汉化工生态园区,园区依托武汉化工新城,以武汉市东北部的化工板块建设为契机,发挥长江中部城市区位优势,在空间布局上与青山等化工基地核心区对接,重点发展塑料加工、合成材料等化工产品,初步形成"一核四链"的产业体系,化工产业呈现集约化、规模化、园区化的发展趋势。

安徽省矿产资源丰富,正大力建设淮南、淮北、阜(阳)亳(州)和巢湖四大煤炭化工基地,努力成为重要的先进煤炭化工基地。每个基地都有自己的特点:依托淮南矿业(集团)有限责任公司和淮化矿业(集团)有限责任公司建设大型国家煤炭化工基地,打造安徽省唯一的煤炭化工基地,也是推进皖北振兴、资源型城市改造发展的重要平台;依托淮北丰富的焦炭资源矿区,整合周边盐碱化岩、石灰石资源,建设大型煤焦基地、煤炭发电厂、盐化工综合处理基地,以最高强度、最低生产成本将煤炭综合盐化工程打造成中国最大的重化工程项目;依托安徽临泉化工股份有限公司、安徽昊源化工集团有限公司、安徽三星化工有限责任公司等化肥公司,大力发展农用化工、精细化工,建设精细化工园区;依托上海华谊(集团)公司煤化工项目建设精细化工和材料化工一体化的巢湖化工基地。安徽省在现有重点企业和产业基础的基础上,加大投资力度,重点提高产业集中程度和产业升级,积极培育和发展生物化学、精细化学品、盐类化学品、石油化工、橡胶加工和硫磷化工六大产业链。

(二)金属相关产业

长江流域是我国重要的矿产资源地,富含黑色金属、有色金属、贵金属等矿产资源,储量大,部分矿种达中国乃至世界之最。流域内的云南省、贵州省、四川省、湖北省、湖南省、安徽省等均为我国的矿产资源大省,矿产资源及其相关产业成为这些地区的重要支柱产业。

长江流域是我国黑色金属（铁、锰、铬等）矿产的主要基地。位于长江上游的西昌市和攀枝花市是我国钒、钛、磁铁矿的主要矿产基地。

长江中下游的湖北省大冶市，苏皖地区的南京市、马鞍山市、芜湖市等地也是我国重要的磁铁矿矿产基地，滇中的昆明市和武定县一带磁铁矿也十分发育。上述地区成为各大中型钢铁工业基地（如攀钢、武钢、马钢、昆钢等）的主要矿石来源地。除此之外，湘中、赣西及鄂西地区的沉积型赤铁矿也有重要的工业价值。长江流域也是我国锰矿资源的主要产地，尤其在湘、鄂、川、黔、滇、桂诸省的震旦系、泥盆系、二叠系地层中发育沉积型锰矿及其风化后形成的氧化锰矿，是我国冶金工业的主要矿源。

长江流域的有色金属矿产相对集中，储量巨大，尤其是锑、钨等矿种，矿产储量约占全国的50%以上，主要分布在湖南省、广西壮族自治区、江西省、贵州省、云南省等地[1]。其中钨矿在湘、赣两省的储量分别占全国总储量的30%和22%；锡矿在桂、滇、湘3省区的储量分别占全国总储量的31%、27%、10%；锑矿在湘、桂、黔3省区的储量分别占全国总储量的28%、26%和17%。上述矿种均为我国的基础性矿产品，尤其是锑矿堪称世界之最，湖南锡矿山被誉为"世界锑都"。铜矿、铝土矿、铅锌矿、汞矿等也居全国前列。著名的云南东川铜矿、湖北大冶铜绿山铜矿、江西德兴铜矿、安徽铜官山铜矿等均为我国有色金属工业的主要矿产基地。铝土矿资源也很丰富，其储量约占全国总储量的1/3，主要集中在贵州省。铅锌矿主要集中在湖南省、四川省、云南省等地。汞矿主要集中在贵州省、四川省、湖南省等地，其储量占全国总储量的80%以上，仅贵州一省的储量就占41%左右。

据国家统计局数据显示，2012—2019年，我国十种有色金属产量一直呈增长趋势，但增速有所放缓。我国十种有色金属产量为5 841.59万 t，同比增长2.70%。图1-1为2012—2019年我国十种有色金属产量增长情况，表1-3为2019年我国十种有色金属产量统计及增长情况。

"十四五"期间国家继续深入实施"中国制造2025"行动纲领、"一带一路"倡议、京津冀一体化和长江经济带战略等，有色金属的市场需求、发展潜力和发展空间仍然很大。新兴战略产业和国防技术产业的发展，以及消费者的个性化和高端需求的转变，对增加有色金属产品品类、提高产品质量和发展以服务为导向的制造业提出更高的追求。随着轻型智能交通、农村电网智能化改造、新一代电子信息产业、新能源汽车、高端设备制造、节能和环境保护等战略性新兴产业的发展，有色金属市场需求将继续增长。

图1-1 2012—2019年我国十种有色金属产量增长情况

表1-3 2019年我国十种有色金属产量统计及增长情况

指标名称	全年产量/t	去年产量/t	同比增幅/%
矿产	53 043 206	51 226 522	3.55
十种有色金属	58 415 893	56 413 750	3.55
精炼铜	9 784 238	8 881 220	10.17
原铝	35 043 604	35 358 161	−0.89
铅	5 797 108	5 047 238	14.86
锌	6 236 423	5 710 021	9.22
镍	195 956	202 261	−3.12
锡	182 772	183 875	−0.60
锑	240 622	210 336	14.40
镁	844 836	749 392	12.74
钛	88 102	68 943	27.79
汞	2 232	2 303	−3.08

六、人口分布

长江经济带是跨越我国东、中、西三大不同类型区域的巨型经济带，也是世界上人口最多、工业规模最大、城镇体系最完整的流域经济带。人口具有生产者和消费者的双重属性，是统筹和协调区域发展的主要动力因素。经济增长可促进人口集聚，人口集聚可带动区域经济发展，2020年11个省（市）常住人口数据见表1-4。

表1-4　2020年11个省（市）常住人口数据（2020年人口普查）

排名	地区	2010 年人口数 / 万人	2020 年人口数 / 万人	2010—2020 年常住人口增量 / 万人	增长率 /%
1	江苏省	7 865.99	8 474.80	608.81	7.74%
2	四川省	8 041.82	8 367.49	325.67	4.05%
3	湖南省	6 568.37	6 644.49	76.12	1.16%
4	浙江省	5 442.00	6 456.76	1 014.76	18.65%
4	安徽省	5 950.10	6 102.72	152.62	2.56%
6	湖北省	5 723.77	5 775.26	51.49	0.90%
7	云南省	4 596.60	4 720.93	124.33	2.70%
8	江西省	4 456.74	4 518.86	62.12	1.39%
9	贵州省	3 476.65	3 856.21	379.56	10.92%
10	重庆市	2 884.00	3 205.42	321.42	11.14%
11	上海市	2 301.391	2 487.09	185.70	8.07%

长江经济带人口分布日益呈现出东高西低、沿海地区高于内陆地区的趋势。11个省（市）土地总面积为205.7万 km²。2016年底总人口数有5.88亿人，平均人口密度约为286人 / km²。区域人口密度分布差异显著，人口分布不均。随着沿江开发向长江流域经济带发展的转变，经济带内各地区人口分布差异逐渐缩小。2000年，人口密度最低的甘孜藏族自治州的人口密度只有6人 / km²，上海最高，为2 084人 / km²，两者相差346.3倍。2016年，甘孜藏族自治州的人口密度仍然是最低的，为8人 / km²，上海最高，为2 276人 / km²，两者相差283.5倍。随着国家对中西部地区生产力布局政策性倾斜，有趋于弱均衡性的再分布趋势。

依托城市群，中西部城市人口集中能力有了显著提高。长江经济带的人口密度在空间上呈现出以城市群为中心的人口密集区。其中，长江三角洲、江淮、长江中游、成都—重庆4个城市群是人口密度较高的地区，47个城市的人口密度超过500人/km²；黔中和滇中2个城市群人口密度相对较低，30个城市或地区的人口密度低于200人/km²，处于西南地区的甘孜藏族自治州、阿坝藏族羌族自治州、迪庆藏族自治州和怒江傈僳族自治州四个少数民族的人口密度都低于50人/km²。

七、发展规划

1990年9月，国务院批准《长江流域综合利用规划简要报告（一九九〇年修订）》后，于1992年6月召开的长三角洲及长江沿江地区经济规划会议上提出发展"长江三角洲及长江沿江地区经济"的战略构想。党的十四大和十四届五中全会均提出"建设以上海为龙头的长江三角洲及沿江地区经济带"，通过上海的辐射带动作用，依托沿江七省一市来建设长江经济带。

2010年12月国务院颁布《全国主体功能区规划》，提出"使经济增长的空间由东向西，由南向北，人口和经济在国土空间的分布更趋集中均衡"，在国家层面，强调长江流域在国土空间发展格局中的重要地位，为长江经济带纳入国家发展战略提供了有利机遇。

2014年国务院在政府工作报告中提出"依托黄金水道，建设长江经济带"。9月印发《国务院关于依托黄金水道推动长江经济带发展的指导意见》，如今，长江经济带发展重新被列为国家发展战略。《国务院关于依托黄金水道推动长江经济带发展的指导意见》出台后，国家有关部委及长江经济带相关省市，提出了大批开发、建设、促进本行业以及本地区经济发展的项目，希望列入国家即将出台的长江经济带发展规划。当时长江的生态环境状况已十分严峻，如再进行无序和高强度的开发建设，必将进一步破坏长江生态环境。

2016年3月，中共中央政治局召开会议，批准《长江经济带发展规划纲要》（简称《纲要》），指出长江经济带的发展必须坚持生态优先和绿色发展的战略定位，作为促进长江经济带发展的重大国家战略的方案文件，《纲要》明确规定，应优先保护和恢复长江生态环境，不应实施重大开发，主要功能区计划应明确生态功能区，划定红色生态保护线、红色水资源开发利用线以及水功能区限制纳污红线，加强跨界水质评估，促进协调治理，严格保护河流的清洁水，努力建设绿色生态走廊，实现上游、下游和人与自然之间的和谐。习近平总书记提出"以'共抓大保护、不搞大开发'为导向推动长江经济带发展"。

近年来，长江沿江各地区大力推动《纲要》，对《纲要》进行了中期评价，并对内容进行了调整和完善。根据"多规合一"的要求，在资源环境承载力和土地空间开发能力评估的基础上，迅速完成长江经济带三条生态控制线的划定：生态保护红线、永久基本农田、城镇开发边界。科学规划土地和空间开发与保护模式，建立和完善土地和空间管理与控制机制，利用空间规划指导水资源利用、防止水污染，使城市空间规划和工业结构调整符合资源和环境的承受能力，同建立负面清单管理制度，确保形成整体顶层合力。大力淘汰和关闭落后产能，采取提高环保标准、加大执法力度等多种措施，推动产业转型升级和高质量发展。在综合立体交通走廊、新型城镇化、对外开放等方面寻求新突破，增强长江经济带发展势头，协调沿海、沿江、沿边、内陆地区对外开放，实现与"一带一路"建设的有机融合，并在国际经济合作中培养新的竞争优势。

加快研究制定长江流域综合立法——《中华人民共和国长江保护法》，适时修订与长江大保护不相适应的部分法律规章，从法律层面保障长江大保护的实施；整合长江流域各行业、各地区监管力量，强化生态环境、水利、交通、农业农村等部门的联合执法能力和联动机制，建立统一的监控体系，实行最严格的生态环境保护制度。进一步强化"三水共治"，促进长江流域生态环境持续改善。加强水污染防治，依据水体的纳污能力，控制污染物排放总量和浓度，加大污染源治理和污染物减排力度，改善长江水质；加强流域水资源的全过程管理和动态管控，全面推进建设节水减污型社会，实现水资源的统一调配和高效利用；加强水生态修复，实施河湖连通性恢复工程，推进水资源保护带、生态隔离带建设，开展梯级水库联合生态调度，完善生态补偿机制，维系长江优良生态。

八、长江流域重金属污染

长江流域工业化、城市化及农业集约化程度高，污染物排放程度也比其他地区更为严重，在各江河湖泊沿岸集中布局的化工、钢铁、有色金属、制药等一批高能耗、高污染产业，给各区域的环境带来了巨大的压力，重金属污染事件频发，造成恶劣的社会影响，极大地威胁了人们的生命财产安全 [2]。2008—2016年长江干支流相关区域发生的部分重金属污染事件见表1-5。

表1-5　长江干支流相关区域部分重金属污染事件

序号	时间	地点	事件
1	2008 年	云南省澄江市	澄江锦业工贸有限责任公司硫酸厂违规生产导致阳宗海砷超标，水质从 Ⅱ 类剧降为劣 Ⅴ 类
2	2009 年	湖南省浏阳市	长沙湘和化工厂镉污染导致 509 人镉超标，多人死亡
3	2009 年	湖南省武冈市	武冈市精炼锰加工厂超标排铅导致 1 354 名儿童血铅超标
4	2010 年	湖南省嘉禾县	腾达冶铅公司违规生产导致超 250 名儿童血铅超标
5	2010 年	安徽省安庆市	安庆博瑞电源有限公司非法生产导致 100 多名儿童血铅超标
6	2011 年	浙江省德清县	湖州市德清县浙江海久电池股份有限公司违规生产导致 99 名儿童血铅超标
7	2011 年	浙江省台州市	台州市速起蓄电池有限公司违规生产导致 168 人血铅超标
8	2011 年	云南省曲靖市	陆良县和平化工厂将 5 000t 铬渣倒入南盘江，导致区域大面积水源被污染，造成恶劣影响
9	2014 年	广西壮族自治区大新县	广西大新铅锌矿违规生产导致土壤镉超达 29.1 倍，当地村民和所产大米都检出镉超标
10	2014 年	湖南省衡阳市	衡阳美仑化工厂违规生产导致超 300 名儿童血铅超标
11	2014 年	贵州省万山区	中国汞都万山区 2002 年关停矿山后，到 2014 年，受汞污染的耕地土壤仍有 10 万亩，涉及人口 10 万人左右，最大超标量 572.3 倍
12	2016 年	江西省宜春市	宜春市中安实业有限公司违规排放污水导致袁河及仙女湖镉、铊、砷超标，城区大面积停止供水

（一）长江流域重金属污染历史

多年过度开发使得长江流域内化工、冶金、有色金属等行业造成的污染比较严重，长江重点断面水质达标率偏低，对工农业生产和长江流域的生态环境都产生了一定的影响。长江重金属污染有多年的演变历史，经历了重度污染阶段和污染治理阶段和污染减轻阶段。

1. 重度污染阶段

20世纪50年代末，长江流域沿江重工业基地初步形成，1958—1979年是新中国成立后经济发展的一个特殊时期。发展重工业被简化为片面强调发展钢铁工业，钢铁冶炼一跃成为当时发展最快的产业，如：1958年2—12月的不到一年时间里，对1959年的钢产量计划指标就从624万 t 增至1 800万~2 000万 t，增长了3倍，然而长江流域的工业污染并没有得到足够的重视，工业"三废"大多数直接排放，造成长江被重金属严重污染。

2. 污染治理阶段

20世纪70年代末，随着环境保护意识不断增强，治理长江流域污染也成为各级政府的重要责任。80年代中期从长江的污染源头开始进行治理，国家投巨资对长江流域的重金属、有色金属冶炼的企业进行彻底改造，特别是对长江涉重金属汞企业开展技术改造，并同步开展对重金属汞、镉、铅、铬和砷的治理，防治污染在这一阶段取得了明显的成果。

3. 污染减轻阶段

20世纪90年代，长江流域全面开展治理工作。加大长江水污染控制技术的投入力度，重金属污染治理进一步得到了国家和地方的重视，涉重金属生产企业加大了减排力度，重点工业城市如重庆市、长沙市、武汉市、南京市、岳阳市、株洲市等先后建成了现代化污水处理厂，使得排入长江的重金属得到控制，排放量大幅度下降，到21世纪初长江重金属污染情况逐渐好转。

（二）长江流域重金属污染特点

长江流域重金属污染范围广、影响大、历史久、治理难等特点显著，历来受到各级政府和公众的关注。

（1）长江流域重金属污染事件频发，历史久。21世纪以来，长江经济带相关省市涉重金属污染事件每年均有发生。经过多年治理，近年仍时有发生，2020年8月，湖南省浏阳市镇头镇双桥村曝出镉污染事件，109人尿检发现镉超标。2020年5月，广州市食品药品监管局公布第一季度餐饮食品抽检结果，在18个批次的大米及米制品中发现8个批次镉含量超标，比例高达44.4%。据统计，不合格大米分别产自江西、湖南等地。

（2）长江流域重金属污染影响范围广。江水中的某些重金属元素可在微生物作用下转化为金属有机化合物，产生更大的毒性 [3]。且长江没有结冰期，河流流动性大，污染范围和污染面积会随着河流的流动而扩大，重金属污染波及范围广。

（3）长江流域重金属污染治理难度大。长江流经地区土壤以红壤和黄壤为主，江水中腐殖质含量高，污染物很难降解，长江的重金属与水中腐殖质结合，使重金属迁移距离很长，治理难度大 [4]。

（4）长江流域重金属污染影响链长。重金属对长江流域各生物有明显的副作用，且有滞后性。水体中的重金属可通过食物、饮水、农作物等多种途径进入人体，从而对人体健康产生不利的影响，但污染危害进程较慢，典型的如各类"毒大米"、地下水污染事件，都是经过漫长的传导链后出现的。

（5）长江流域重金属污染新问题多。长江流域是我国重要粮食生产基地，随着农田化肥施用量不断加大，农村生产生活垃圾和乡镇企业的污水排放等造成区域的重金属污染和农业面源污染问题日益凸显。

（三）历史原因

1. 工业布局不合理，缺乏统一规划

重金属相关企业总体上布局较为分散，缺乏统一规划，部分项目分布在江河两岸、居民生活区，以及资源环境承载能力薄弱区和饮用水水源保护区等环境敏感区，对环境安全和群众健康构成严重威胁。

化石、化工、造纸、冶金等高污染企业主要集中在长江中游和下游，其对煤炭、石油和其他资源进行了密集开发，但资源利用效率低，污染程度高，长期以来形成了粗放型的经济增长模式和不合理的工业布局，在发展过程中，各企业一味追求发展速度，忽视生态环境保护，所排放的工业"三废"是污染事故的潜在风险源。

2. 产业结构不合理，发展方式无序

粗放型发展方式尚未根本改变，相关产业结构调整力度有待加强，落后产能淘汰力度不足，环境准入制度执行不严，大量重金属相关企业无序发展，结构性污染突出。

化工、冶金、有色金属等行业是长江经济带主导产业，同时也是造成污染最严重的行业，其中许多都是历史悠久的大中型国有企业，工厂很多设备陈旧、工艺落后、原材料和水资源利用率低，部分企业难以达到稳定的排放标准，排放的工业"三废"隐含各种重金属污染物。长江流域生态问题历史负担沉重，部分企业缺乏应对污染紧急情况的综合能力。

3. 生产工艺技术落后，治理水平不高

电镀、冶炼、化工、制革、电池制造等重金属相关行业部分企业生产设施简陋、工艺落后，一些企业无组织排放现象严重，废水、废气治理设施达标率低，污染事故时有发生。历史上，长江流域污水处理厂建设严重滞后，整个流域城市污水处理厂的实际日常处理能力只有几十万吨，城市工业废水中的重金属无法有效处理，大量未经处理的工业废水和污水直接排入河流，是长江重金属污染的重要来源。

4. 基础工作薄弱，技术支撑能力不足

长江流域工业生产虽然对经济建设做出了重大贡献，但也破坏了流域的生态环境。湖南省和湖北省湿地面积大幅度减少，森林资源严重枯竭，长江流域红壤侵蚀十分严重，生态环境严重恶化，化学肥料和农药被大量使用，其中一定数量的重金属通过地表径流进入地下，加剧了长江流域地下水重金属的污染。

全流域尚未系统开展工业企业重金属污染排放监测和土壤重金属环境质量监测，重金属污染的面积、种类和水平不清，对重点区域及污染隐患的危害程度掌握不够，相关基础调查、风险评估、科学研究、技术研发、产业扶持和制度政策等滞后于污染防控的需求。

5. 环境监管能力不足，监督管理不到位

环保部门监管能力有限，特别是县级环保机构普遍存在监管人员不足、技术力量不强和监测能力不够等问题。重金属污染物排放自动在线监控装置缺乏，环境应急装备水平偏低，污染预警应急体系尚未建立。部分地方执法不严、监管不到位，也是造成重金属污染严重的重要原因之一。

6. 法规制度建设滞后，标准体系不完善

我国还没有重金属污染防治的专门法规，现行环境质量标准中重金属污染控制内容较少，重金属累积效应考虑不足，污染源排放标准与人体健康标准尚未充分衔接，重点行业、重点区域的重金属污染防治技术要求有待补充完善，重金属污染物排放地方标准体系尚未建立。

第二节 研究基础

一、相关概念

（一）重金属

自然界中有一百多种元素，约80多种是金属元素。有研究把密度大于4.5 g/cm³ 的45种金属，统称为重金属；也有把相对原子质量比铁大的金属称为重金属。常见的重金属有铜、铅、锌、金、铁、钴、镍、汞、镉、钨、锡、铬、钒、钼、锰等。

已有研究中，根据对人类健康的影响，重金属元素可分为三类：一是对人类健康至关重要的钠、钾、钙、镁和微量元素（如铁、锰、铜、锌、硒、钒、钼、硅和锡）；二是铅、镉、汞、砷、铬、铍、铊等有害金属元素；第三，存在于人体内，但生理功能不明确的元素（如锂、硼、铝、钛、镉等）[3]。

重金属污染是重金属或其化合物造成的环境污染。研究表明重金属污染主要是由人们使用重金属制品、工业生产排放"三废"、农业活动中污水灌溉等造成的。重金属难以被生物降解，通过食物链的生物放大作用，重金属的浓度可以增加成千上万倍，最终对人体造成损害。重金属污染是危害人类的最大污染物之一。重金属污染对人类健康造成的损害是多方面、多层次的，主要表现在：重金属在人体内与蛋白质、酶等发生强烈作用，使其失去活性，并可能在人体中聚积，造成生殖障碍，影响胎儿正常发育，危害儿童和成人身体健康等，进而导致区域人口身体素质下降，制约人类的可持续发展。

（二）重金属来源

重金属来源可分为自然因素和人为因素，自然因素包括火山喷发、岩石风化、土壤侵蚀等；人为因素包括采矿、冶炼、汽车尾气、金属制品的制造与使用、污水灌溉等[4]。多数情况下，环境中重金属的天然背景值比较小，不会对人体造成危害。

目前全球范围内环境中重金属的主要来源是人类活动产生的工业"三废"和生活污水的排放，各种与人类工业活动有关的重金属排放源见表1-6。

根据污染的来源，有研究把重金属污染分为工业污染、农业污染和生活垃圾污染三类，其中工业生产是导致重金属污染的主要原因。

表1-6　主要重金属排放源

排放源	排放重金属种类	排放源	排放重金属种类
颜料生产	Cd、Pb	矿物燃料燃烧	全部
电镀生产	Cd、Cu、Zn、Cr、Ni	磷肥生产	Cd、Pb、Hg
电池生产	Cd、Pb、Hg	水泥生产	Cd、Hg、Cu、Zn
铅烷基生产	Pb	农业生产（含汞农药等）	全部
机动车尾气排放	Pb	垃圾处理（填埋和焚烧）	全部
氯碱生产	Hg	沿海水域土壤的挖掘疏浚	全部
汞的使用（化工、印染等）	Hg	煤矿废物、飞灰和废水	全部
制革生产及使用	Cr	污水和污泥处理	全部
防腐工艺处理	As	家用卫生设备制造	Zn、Pb、Cu
纺织品生产	Cr	轻工产品生产	Zn
橡胶生产及使用	Zn	仪表生产	Hg
钢铁生产	全部	农药生产	Hg
铸铁浇铸	全部	塑料生产（塑料助剂）	Pb、Cd、Cu

在工农业生产中，冶炼行业、电镀行业、能源行业占重金属污染源的比重最大，涉及的重金属元素有 Pb、Cd、Cr、Cu、Zn、As，主要体现在原料及中间产品的存放方法不当、制造过程中环境污染物直排、大气污染物随微粒沉降到地表、地下管道废水泄漏、工业固体废物的不合理积累和排放等。

生活垃圾污染方面，随着人口数量的增多和人们生活质量的提升，日常生活中产生大量的废水和生活垃圾，其中含有众多重金属。对生活垃圾中含有的重金属处理不当以及处理技术不成熟，是土壤以及河流中的重金属含量增多甚至超标的主要原因；有些垃圾未经过处理就被焚烧或填埋，废水也被直接排放到大自然中，最终渗入地下导致地下水严重污染，水质恶化；部分超大城市生活废弃物超过生态承载力加剧地下水的污染程度。

（三）重金属污染

长江流域水环境主要包括水库、湖泊、河流、海洋等。重金属对水环境的污染是指排放到水体中的重金属超过水体的自我净化能力、影响水的组成和性质、使得水生生物的生长条件恶化并对人类生活健康产生不利影响的行为。

　　研究表明水体金属元素的危害程度不仅取决于金属的类型和物理化学性质，而且取决于金属的浓度及其形态[5]。在水环境的迁移转化过程中，有机化合物与重金属及其化合物存在较大差异，有机化合物最终可能被分解为简单化合物，有毒物质也可能转变为无毒物质；但重金属及其化合物只会发生形态转化，不会消失，属于积累性毒物。美国国家环境保护局（environmental protection agency，EPA）公布的水环境中10大类129种优先控制污染物，金属和无机化合物总数为15种，现在证实其中有11种金属及其化合物（砷、银、铬、铍、镍、铜、铅、汞、镉、铊和锌）可以在底泥和生物群中积累。为了有效地控制有毒污染物排放，近年来我国开展水中优先控制污染物的筛选工作，初步筛选出249种，通过多次专家研讨会，确定我国水环境中优先控制污染物的种类共有16类68种，其中重金属及其化合物包括砷、铍、镉、汞、镍、铊、铜、铅等共计19种。环境科学中所研究的重金属主要指汞、铜、镉、铅、锌、铬等元素。我国在"十一五"重金属污染防治规划中把铅、汞、镉、铬和砷这五种重金属作为污染防治的重点。

　　重金属一旦进入水生生态系统，就会分布在水生生态系统的不同部分，并对该生态系统的不同部分产生影响。当重金属在生物体中积累到一定程度时，生物体就会出现损伤、生理障碍等症状甚至死亡，从而破坏整个水生生态系统的结构和功能。水体中的重金属首先对水生动物和植物造成损害，并通过饮用水、水产品、被污水灌溉的谷物和蔬菜等在人体内积累，危害人类健康。重金属水污染进入人体的途径如图1-2所示。

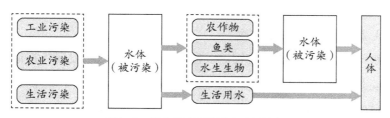

图1-2　重金属水污染进入人体途径

　　有研究发现重金属通过各种渠道一旦进入水体被藻类吸收，就会破坏藻类的生长、代谢和生理功能，抑制光合作用，减少细胞色素，导致细胞畸形、组织坏死，甚至导致藻类中毒和死亡；重金属一旦进入水体也会对水生动物的生长、发育和生理代谢产生一系列影响；重金属进入人体后不易排泄并逐渐积累，对人类健康的损害更为广泛，主要表现为影响胎儿的正常发育、造成生殖障碍和影响人体的健康状态。重金属（如 Pb、Se、Mn 等）直接或间接通过水体进入食物链，将严重消耗人体中储存的铁、维生素 C 和其他基本营养物质，导致人类免疫系统的防御能力持续下降。铬在人体胆固醇代谢中起着不可替代的作用，缺乏铬可能导致糖、脂肪或蛋白质代谢紊乱，而过量铬可能导致人体致癌，同时研究表明，铬化合物具有细胞遗传毒性和致突变性。过量的镉通过食物、水、空气等进入人体并在肝脏和肾脏中积累，影响正常的生理功能，导致骨质疏松和骨骼变形。过量的汞则会破坏生物体的神经系统，并可能在微生物作用下转化为甲基汞或二甲基汞，毒性更强。

很多国家都发生过重金属污染事故，其影响范围广、危害严重，给人类身体健康带来严重威胁，如重金属水体污染引发的血铅、骨痛病、水俣病，导致当地居民慢性中毒[6-7]，造成经济与财产的严重损失，仅污染后的长期整治和恢复就需要巨额的投资。国外部分严重破坏环境的重金属污染事件见表1-7。

表1-7　国外部分河流重金属污染事件

事件名称	事件描述与影响
多瑙河污染事件	2000 年 1 月底，罗马尼亚西北部，巴亚马雷金矿 10 000 m³ 含有剧毒氰化物和铅、汞等重金属的废水泄漏，污染物超标准 700~800 倍
水俣病事件	1956 年，日本水俣湾，工业废水中大量重金属汞排放，导致当地居民的"水俣病"
骨痛病事件	20 世纪 50 年代，日本富山县三井矿业公司排放镉超标废水，河水变成了"镉水"；灌溉稻田用的是"镉水"，产出了"镉米"，造成大范围居民患"骨痛病"

（四）重金属污染的环境效应

生态系统可以保持其自身的相对生态平衡，因为它有自我调节的能力，但自我调节的能力有限，当人类活动长期排放重金属到环境中时，可能会破坏生态平衡。重金属向自然环境迁移的过程将导致自然环境的变化，例如土壤侵蚀、地面沉降、土地退化和水污染，最后对陆地和水生环境系统造成严重损害。重金属污染物渗入土壤环境，导致土壤环境中的微生物、植物和动物死亡；重金属污染物也可能在土壤中过度富集，导致土壤荒漠化与盐碱化。

1. 重金属迁移对水体环境的影响

（1）河流污染。河水中存在的大量重金属污染物会改变河水的 pH 值，破坏河水自我净化能力。在含有重金属的酸性废水中，水生植物、河流鱼类贝类几乎全部灭绝。河水污染通过渗透和灌溉进入附近土壤环境，影响作物生长，损害居民健康。

（2）河床污染。河流中悬浮颗粒对重金属的吸附效果非常好，悬浮颗粒通常可以吸附和溶解水中大多数重金属[8]。在某些情况下，沉积在河流沉积物中的重金属污染物可以通过物理和化学变化过程（例如溶解、水解和水交换）释放回水体中。与此同时，沉积在河流中的重金属污染物也可能在水的作用下而使沉积物重新悬浮，并随水流扩散、移动和下游沉积，对流经地区造成不同程度的污染。

（3）底泥污染。沉积在河流沉积物中的重金属污染物对流域水体和土壤构成了单一或多重危害。雨水将矿堆中的重金属携带于河流中，并将其沉积在底部的淤泥中，使这些重金属含量高的河床成为区域污染的潜在来源。

2. 重金属迁移对土壤环境的影响

（1）水土流失严重。受重金属污染的影响，土壤的理化性质产生了极大变化，废弃的工业和采矿用地没有能力抵御外部风雨侵蚀。在降雨和渗透侵蚀的作用下，地面径流会在废弃土质疏松层形成沟槽，水流将大量的采矿土壤和废物残留物输送到槽中形成小河流。随着雨水的长期侵蚀和冲刷，影响区域和汇流面积不断增加，裸露的土壤和废物残留物在水含量高的条件下容易自然沉淀或滑塌，加剧水土流失的形成。

（2）农田土壤污染。重金属污染物进入农田土壤环境有三种形式：酸性废水和大气沉积，以及尾矿堆的风化和淋溶。这些废弃物和暴露在空气中的残留物容易受到天气和雨水侵蚀的长期影响。如果它们在土壤侵蚀的条件下进入下游地区，会影响当地植被的生长，造成严重的生态破坏[9]。矿山生产的酸性废水通过河流排入农田下游灌溉区，受人类活动影响，直接进入农田土壤并在作物中富集。大气中的重金属污染物主要来自重金属开采和冶炼中产生的烟雾和灰尘，并扩散到周围地区，它们经过一定距离后，通过自然干旱和沉积进入土壤，造成污染。

（3）土壤荒漠化。受到多年采矿和冶炼的影响，固体废物的储存占用了很大一部分土地，并对周围的生态环境造成不利影响。生产过程中暴露了部分地表，富有植物养分的腐殖土层及红色黏土层被雨水大量冲刷，失去了原有的生态功能[10]，加之工业"三废"排放对区域环境造成了严重污染，导致土壤板结固化和植物死亡，土壤荒漠化严重。

二、国内外研究综述

（一）国外理论综述

国外尤其是西方学术界相关研究主要集中在以下方面：

（1）关于重金属污染风险管理理论研究，主要观点有：行政管理论，认为环境作为一种公共产品，政府应该通过出台一系列的法律、法规、政策措施来保护生态环境[11-12]；公众参与论，大多数的美国学者都认为公众参与是环境行政管理的重要补充，公众可以用选票来对地方政府直接施加改善公共服务的压力，最终改善区域生态状况[13-14]；社会运动论，主要通过精英人士和绿色NGO（非政府组织）推动的环境保护社会运动，是建立在西方成熟公民社会基础上的一种生态保护力量[15]。

（2）关于重金属污染风险评估的研究，随着第三次科技革命的深入，国外学者对重金属污染风险评价日趋多元，提出了多种评价指标和体系，主要研究成果有单因子指数法、潜在生态风险指数法[16]、内梅罗综合污染指数法[17]、污染负荷指数法[18]和地积累指数法[19]，其中内梅罗综合污染指数法应用最为广泛。

（3）关于重金属污染检测的研究，主要研究成果有：①理化测定。随着物理化学技术的发展，提出了包括原子吸收光谱法（atomic absorption spectroscopy，AAS）、原子荧光光谱法（atomic fluorescence spectrometry，AFS）、电感耦合等离子体法（inductively coupled plasma，ICP）、高效液相色谱法（high performance liquid chromatography，HPLC）和电化学方法，这些方法在20世纪60年代被美国国家环境保护局认可后已经成为国际通行标准。②生化测定。21世纪以来，学者借鉴生物技术、基因技术等提出了酶分析法[20]、免疫分析法[21]、生物传感器法等。随着检测技术的提高，逐步实现了仪器检测精度从mg/L到μg/L，再到ng/L的进步。

（4）关于重金属污染修复的研究，主要成果有：①工程物理修复，通过机械方法来治理污染的土壤，包括客土法和淋洗法及电动力学法[22-23]。②化学修复，主要通过施用改良剂，加入吸附剂来降低重金属浓度[22]，工程物流修复和化学修复。生物修复，主要是利用植物修复或者微生物来吸附或降低重金属毒性[24-25]。重金属污染修复方法有多种，但以植物修复和微生物修复为主体的修复方法是目前国外研究的主要方向，特别是辅以农技措施可显著提高修复效率，是当前的研究热点。

（二）国内理论综述

国内关于重金属污染等环境风险的研究起步较国外晚，是随着我国工业的发展导致环境问题突出后逐渐开始的，在重金属污染的检测技术、评价方法和修复技术的研究上更多是借鉴国外的成果，国内的重金属污染原创性研究主要集中在以下方面：

（1）中国特色的重金属污染防治理论与制度研究。主要是经济学、环境管理学、法学等领域的交叉研究，研究成果有：社会生产力合理组织论，认为要研究生产布局和环境保护的关系，按照经济性和生态协调的原则，确定各类金属资源的开发利用方案，确定国家和地区的产业结构及社会生产力合理布局[26-29]；环境保护经济评估论，提出重金属污染最优防治途径的经济选择，区域重金属污染综合治理优化方案的经济选择，污染物排放标准确定的经济准则和环境经济数学模型的构建等[30-32]；风险管理手段论，认为行政方法、法律方法、教育方法和经济方法应互相配合，如经济手段方面可通过税收、财政、信贷等经济杠杆，来调节经济活动与环境保护之间的关系，促使或者诱导集体或个人的生产与消费活动符合保护环境的要求[33-35]。

（2）重金属污染转移规律研究。目前关于该方向的研究还不多，大体上可分为：地球物理化学循环的研究，通过分析重金属的粒子态、可溶性分子态和离子态在迁移过程中的变化情况，评价其在环境介质中的形态、富集数量和危害程度，为风险管理提供决策依据[36-39]；生物化学循环的研究，分析重金属从自然环境中进入生物体后，经过新陈代谢反应和食物链进行传递的过程，研究重金属在不同物种或介质中循环的规律[40-43]。

（3）重金属污染防治应用研究。伴随着各区域内重金属污染环境事件层出不穷，目前这一类研究非常集中，主要有：流域重金属污染防治研究，如以湘江、淮河、太湖等流域为例，对各地重金属污染防治的个案研究[44-46]；城市重金属污染防治研究，研究各大工业城市中土壤和水体中的重金属污染状况及治理方法，如长春、长株潭城市群、洛阳、铜陵等城市的重金属防治研究[47-51]。但是目前以长江经济带重金属污染风险防范机制为对象的研究成果还没有出现。

综上，目前国内外学术界对重金属污染风险的防范研究显著特点是多学科、多角度交叉介入，呈现出不同的理论风格和研究特点，取得许多成果，也为进一步研究提供了重要的基础，但还存在一些不足之处：

（1）大多数研究主要集中在流域或土壤的重金属污染技术处理层面，如含量测定、危险评价、土壤修复等，而与重金属污染风险防范模式结合的研究较少。

（2）研究角度太宽泛，关于重金属污染风险防范的研究，大多从政府缺位、企业逐利等角度切入，在当前的社会环境下对策、措施的执行力度不够。

（3）对长江经济带环境问题的研究，只是一些局部、抽象的理论研究，缺乏抓手和着力点，长江经济带各区域协同的重金属污染风险防范机制的研究几乎还是空白。

三、国外重金属污染风险防范工作实践

（一）国外重金属污染风险防范机制

日本由北海道、本州、四国、九州4个大岛和6 000多个小岛组成，水资源丰富。二战后随着工业化和科技的飞速发展，日本经济腾飞，但同时也引发了一系列环境污染事件，其中重金属污染事件尤为突出，20世纪以来发生的"四大公害病"事件，其中有两起都与重金属污染有关，受污染地区居民的健康状况遭到严重损害。

日本的环境管理体系采用中央和地方二级管理的模式，中央政府、地方政府、财团法人、企业以及民众之间形成灵活高效的环境管理机制。制定环境污染防治的政策、目标、计划由日本中央政府负责，并为地方相关工作提供基础设施与财政支持；环境省作为牵头部门制定污染防治相关政策与行政管理制度，其他行政管理关联部门通力配合；地方政府根据中央的指示，因地制宜制定地区基本政策与管理模式[52]；财团、法人、社团等非营利性机构协助行政管理部门进行环境管理和实践工作，是环境管理行政体系的有力补充，普通市民则在日常生活中自觉防治环境污染。

日本制定了严格的环境条例和标准，以扩大工业企业对污染控制专业化的市场需求，并对参与第三方控制的企业和人员进行培训、评估和监督。鼓励环境技术创新，扩大第三方治理公司的融资渠道。

欧盟作为全球影响力最大的区域之一，在资源环境可持续发展方面，做出了

大量有益的探索。欧盟各成员国制定各种法规、指令、决定，如《罗马条约》《欧洲联盟条约》等 [53]。大概有200多部环境法律，其中与重金属污染风险防范与应急管理相关的法律主要涉及三种环境介质：水、土壤、大气。

制定《欧盟水框架指令》，统一水资源一体化管理，将各成员国水环境法律法规进行精简修订，综合起来对全区域水资源政策进行统一规划，设立共同方法、目标和原则，同时依风险排序列出了优先物质清单，包括各种重金属的限值要求。

目前，欧盟成员国建立了一整套重金属污染监测、预警和紧急保护系统。法国6个主要流域的水文监测地实施在线检测，可实时获得各种水、雨水和河水环境指标；德国对各流域建立了水文预测模型和自动水质监测与预测系统；多瑙河保护国际委员会建立了一个全流域事故预警和预测系统，利用遥感技术对废水、洪水实现实时监测，并对各种事故进行预测和预警。该系统的数据库包括每个支流的水力特性值、废水来源排放量、排放量的水质标准、动态水质监测数据，以及水质的可能影响范围、传输速度、应采取的措施等 [54]。

基于共同的监测指标体系，建立起欧盟土壤监测站数据共享系统，其中重金属是土壤60个候选指标中的主要指标。土壤作为重金属有害物质的长期储藏源，污泥中常常含有大量重金属，欧盟针对农田重金属危害防范，颁布了农用地86/278/EEC指令，明确了污泥农用的程序与标准。

美国重金属污染风险预防机制的建立也是一系列环境事故的结果。1968年颁布《国家石油和有害物质污染应急计划》；美国国家环境保护局于1985年启动《化学突发事故应急准备计划》（CEPP）；1986年通过《应急计划与社区知情权法案》（EPCRA）；1990年批准美国环保局的风险管理计划（RMP），后两项法案将美国的政策从应急转向预防和规划，它们是处理环境污染事件的重要法律标准，为处理或应对环境污染提供全面的法律框架，在此基础上建立了全面的国家事故报告、应急反应、污染控制综合系统 [55]。

在美国的环境法中，重金属污染法主要包括《超级基金法案》《资源保护和恢复法》和《有毒物质控制法》，它们共同构成了美国重金属污染风险管理的法律制度。

1960年代以来，美国积极推动环保产业大发展，为了解决环境保护企业的融资困难，通过优惠贷款和研究基金、专项补贴等方式加强对环境保护技术创新的经济支持。扶持政策促进了环境保护企业筹资方式的多样化，推动了第三方市场主体的发展。

表1-8是日本、欧盟、美国等区域所颁布的部分涉重金属污染风险防范法律法规。

表1-8　国外重金属污染风险防范法律法规

国家	时间	法律法规
日本	1967 年	《公害对策基本法》
	1970 年	《农用地土壤污染防治法》《公害纠纷处理法》
	1970 年	《废弃物处理法》
	1973 年	《公害健康受害补偿法》
	2001 年	《家电再生利用法》
	2002 年	《土壤污染对策法》
欧盟	1996 年	Seveso Ⅱ 指令
	2000 年	《欧盟水框架指令》
	2002 年	WEEE 指令
	2003 年	RoHS 指令
	2007 年	REACH 法规
美国	1968 年	《国家石油和有害物质污染应急计划》
	1976 年	《有毒物质控制法》
	1976 年	《资源保护和恢复法》
	1980 年	《超级基金法案》《环境应对、赔偿和责任综合法案》

（二）国外重金属污染风险防范机制的特征

日本、欧盟和美国曾经都面临过污染严重的状况，通过行政、立法和市场的手段，重金属污染防治工作取得较好效果，其重金属污染风险防范机制有以下特点。

1. 日本重金属污染风险防范机制特征

（1）预防为主，防治结合。在应对重金属污染问题上，日本强调事前的风险防范和事后的治理与修复，坚持防治一体原则。日本的重金属污染风险防范相关法律贯穿了预防为主原则，如《公害对策基本法》规定政府、企业和国民都有防治污染的职责，并提出环境标准管理、污染物排放控制、土地利用控制、实行公害预防的策略和措施；在污染事故发生后及时采取修复整治措施，有效抑制污染范围的扩散和污染程度的加深。

（2）建立完善的土壤污染防治法律体系。空气中和水体中的重金属，最终会沉淀进入土壤，日本政府为重点防治土壤重金属污染，制定《土壤污染对策法》《农用地土壤污染防治法》《市街地土壤污染暂定对策方针》《关于土壤地下水污染调查对策方针》《与重金属有关的土壤污染调查对策方针》等一系列法律，形成完善的土壤污染法律体系。

（3）建立独具特色的公害补偿制度。为了弥补环境污染受害者，建立公害补偿制度，补偿内容包括医疗费、公害保健福利事业和公害健康受害预防事业三项。"公害健康被害补偿协会"是一个独立的法律实体，收取相关费用，它将污染受害者的缴纳金作为基金，通过行政程序向受害者提供社会援助，公司承担所有补偿费用，国家和地方政府各承担一半的事务费。

（4）发挥地方政府的重要作用。日本实行地方自治制度，地方行政长官由当地居民直接选举产生，居民往往会利用手中的选举权对地方行政长官施加压力，使地方政府积极主动地采取对策来防治环境污染。1970年中央政府将环境监管权全部下放到地方政府。依据《农用地土壤污染防治法》，都道府县知事可以根据各地区实际情况，制订"一地一策"对策计划；《土壤污染对策法》规定都道府县知事可发布行政命令调查土壤污染。地方政府作为中央环境政策的具体实施者，减轻了中央的负担，强化了环境污染的治理和保护。

2. 欧盟重金属污染风险防范机制特征

（1）立法充分考虑人的生命权。RoHS 指令、WEEE 指令、Seveso Ⅱ指令和REACH 法规等欧盟法律，都强调生命权是人最基本的权利，应当受到法律保护。在人的生命价值与其他诸如环境、经济价值进行权衡时，立法上首先考虑人的生命权，同时在污染事件中也要考虑到对人的健康、财产权等损害，明确赔偿责任，保障公民权利。

（2）预防为主，全面管理。欧盟对重金属污染的风险防范偏重于预防，强调全面管理，比如 RoHS 指令和 WEEE 指令提高对重金属在电子电气设备中的使用、回收、处理和处置各环节的标准，减少污染源头，预防污染发生；REACH 法规加强对化学品的管理，防范风险发生；Seveso Ⅱ指令中要求信息公开，防止二次事故发生。在欧盟统一领导下，确立共同标准，共享信息，全面对重金属污染环境事件进行预防与处理。

（3）注重规划，制订应急预案。欧盟注重总体规划，注重应急预案的制订。对重金属污染风险防范与应急，通常制订主管部门的外部应急预案和相关重金属污染企业的内部预案，在预案制订中，注重风险评估，同时对预案内容定期演练，定期修改；注重土壤使用规划，定期评估土壤利用的环境影响，减小风险；强调公众的参与，保证其对重金属污染风险的知情权；对政府官员有严格考核机制，不因经济发展而忽视生态环境；要求企业定期提交安全报告、支付污染防治费用，控制生产者责任，防范风险；重金属污染信息在欧盟成员国之间、各企业之间公开，加强各方合作，有针对性地预防风险，提高应急预案的科学性、有效性。

3. 美国重金属污染风险防范机制特征

（1）法律条文清晰、精确、全面。在涉及重金属的各法律中，美国精确、详细地定义了涉及的人、物、事件。如《超级基金法案》中，"设施"包括所有类型的建筑物、安装结构、设备、管道、水井、平台、水池、坑、储油层、烟囱、垃圾、机动车辆、船队和飞机，还包括用于储存、接收、排放或处理危险材料的所有地点或地区；"危险物质"则包括《联邦环境保护条例》中的各种有毒、易燃、易发生反应及易腐蚀的物质；"排放"指向所有曾经在其周围环境中含有危险物质或污染物的封闭容器、桶或其他容器的溢漏、泄漏、注入、泵送、沥滤和处置；"有关责任方"不仅包括危险物质排放或将要排放时的不动产的所有人和使用者，还包括危险物质的处置者。

（2）严格审批新化学品。美国《有毒物质控制法》用动态化学物质清单名录的形式，将化学物质分为在名录中的现有化学物质和不在名录上的新化学物质两类，进行区别对待和管理。对于新化学物质，《有毒物质控制法》要求公司在生产或者进口新化学物质前90天，向美国国家环境保护局申报，提交预生产申报（premanufacture notice，PMN）表格，应包括物质名称、公司情况、可能的暴露信息、化学物质的测试性质和危害等信息。

（3）明确治理资金来源。通过市场和法律手段，让违法主体对污染及其后果承担责任。《超级基金法案》规定，主要负责处理费用的机构分为四类：泄漏危险废物或泄漏危险设施的所有人或经营人；危险废物处理设施的所有人或经营人；生产危险货物的人和安排危险废物处置、处理和运输的人；选择危险废物处置场地的人或设施承运人。继承人和符合某些条件的继承人以及放款人还必须承担治理费用。责任主体对治理费用负有主要责任和连带责任，责任追溯既往，以便超级基金或联邦政府都能够从上述责任人之一收回所有治理费用。

（4）注重全过程管理。为了控制重金属污染风险，特别强调风险全过程管理，《资源保护和恢复法》建立有害废物全面管理体制，涉及范围包括生产、运输、加工、处置等众多环节：制定了鉴别有害废物和确定有害废物的判据与标准；制定了有害废物产生者、运输者和处理、贮存、处置设施的拥有者及营运者的标准；规定了有害废物的包装、标志、建档和执照发放制度；颁布了对废物进行土地填筑、焚烧、热处理及化学、物理、生物处理条例；对地下水监测及应急措施提出了要求[56]。

第三节 研究意义及内容

一、研究意义

2016年9月，《长江经济带发展规划纲要》正式发布，确立了"一轴、两翼、三极、多点"的长江经济带发展新格局，明确指出其既是我国新一轮改革开放转型升级的经济带，也是生态文明建设的示范带。良好的自然资源禀赋和多年开发建设，该区域已成为我国农业、工业、商业、文化教育和科技各领域最发达的地区之一，但同时面临诸多亟待解决的问题，如能源及金属产业转型升级任务艰巨、重金属污染等环境问题突出、环境风险防范区域合作机制欠缺等。因此，如何按照《纲要》的要求，对长江流域生态环境进行保护，减少重金属污染风险，有着重要的研究意义。

本研究在《纲要》的"建设绿色生态廊道，创新区域协调发展体制机制"要求下，提出并构建长江经济带国家战略视野下适合该区域发展的重金属污染风险防范机制。基于风险链控制理论，形成具有一定特色的重金属污染风险防范的理论和方法，为当前及以后重金属污染风险防范提供理论依据，并提出区域协同防范重金属污染风险的机制及政策建议，为政府推进生态文明建设与相关公共政策的制定提供参考。

以保护和修复长江生态为目的，通过对各级各类长江主干流水文站和众多涉重金属企业的调研，辅以系统研究与实证分析，开展长江经济带重金属污染风险防范机制研究，突出污染源控制和污染链监管，使长江流域重金属污染风险可防可控，提出可操作性强、公平合理、适合长江经济带各城市群分工协作防范重金属污染风险的政策建议，能够有效解决当前长江流域生态环境保护与修复中遇到的难题，可进一步推进政府职能转变，促进长江经济带各工业区域涉重金属产业转型与升级。

二、研究内容

本书将理论分析与实证研究相结合，通过实地调研长江经济带环境载体中重金属含量和梳理各级各类管理办法，提出当前各区域重金属污染风险防范中存在的问题和影响因素；基于此，构建长江经济带重金属污染风险防范新机制，并从污染源集成管理、污染风险评价、污染风险全过程管理、区域协同演化博弈和污染风险信息共享互通5个环节开展应用研究；最后，为提升长江经济带重金属污染风险防范机制的作用，提出可行的对策建议。具体内容如下：

（1）长江经济带重金属污染及风险防范现状调查与分析。课题组整理各级政府、相关企业的法律法规和管理文件、长江主要干流及代表性支流国控或省控断面样品数据，分析环境介质中关键指标性重金属的含量；开展重金属污染风险防范存在的问题及影响因素分析，为下一步构建长江经济带重金属污染风险防范机制提供研究基础。

（2）长江经济带重金属污染风险防范机制构建。这是重金属污染风险防范机制及应用的逻辑起点，分析其内涵和特征，提出该机制运行需要运用的方法和技术，为下一步开展各区域重金属污染风险防范机制的应用研究提供理论基础。

（3）重金属污染源集成管理研究。开展长江经济带重点污染源调查，确定重金属污染源来源解析方法，厘清重金属污染迁移规律；以湘江流域为研究样本，构建湘江流域二维水质模型，分析得到了该区域砷、铅、镉浓度时间分异特征和空间耦合关系；从关键污染物、污染来源、污染途径、迁移方式、空间分布和城乡差别角度揭示湘江流域重金属污染迁移和分布规律。

（4）重金属污染风险评估及应用研究。构建长江流域重金属污染风险评价体系，确定模糊综合评价方法。以皖南大型铜矿为研究样本，综合运用单因子风险评价法和潜在生态风险评价法完成该区域健康风险评价和环境安全风险评价，获得模糊综合评价结果，该方法可为各地区重金属污染风险全过程管理提供决策基础。

（5）重金属污染风险全过程管理研究。根据长江经济带各地区重金属污染复合型风险特征，厘清重金属污染风险传导要素，明确重金属污染风险传导过程，确定污染事故概率分析方法；以赣北大型化工企业为研究样本，提出涉重金属企业污染风险全过程管理预案，构建全过程风险管理体系来满足日益复杂的风险管理需求。

（6）区域协同的重金属污染风险防范机制仿真分析。针对长江经济带重金属污染防治存在的相关利益主体间利益冲突导致各地方政府污染风险防控各自为政的问题，基于演化博弈模型分别对政府、企业、公众三方和相邻地区政府间进行纵向与横向演化博弈分析。明确重金属污染风险防范中各行为主体进行演化博弈的目的，厘清各主体的行为互动机制、存在的利益诉求和矛盾；基于政府、企业、公众间的纵向关系和相邻地方政府间的横向联系，分别构建演化博弈模型；分析各模型的博弈演化过程与博弈演化稳定策略，针对重金属污染风险防范提出合理规制策略。以湘、鄂两省养殖业为研究样本，验证"中央政府驱动 - 地方政府扶持 - 企业和农户间合理的利益分配与激励机制"博弈策略组合的有效性。

（7）全域重金属污染风险信息管理研究。针对长江经济带重金属污染风险管控中存在的数据采集、证据收集、论证决策的分散割裂，导致执法成本高，效率低的问题，依托城市数字平台，基于 Internet（互联网）的 B/S（浏览器和服务器）架构，综合运用 HTML、CSS、JavaScript、MySQL、Bootstrap、ECharts 数据可视化技术以及高德开发平台 API，开发全域重金属污染风险信息管理系统。统计分析各区域重金属污染情况；实现河流监测点的实时监控功能，得到各个监测点的水质实时数据，监测站点的实时监控图片、视频以及卫星影像图；监控实时交通情况，为突发环境事件防范提供决策支持，为环境执法、事故最佳应急救援路径提供技术支撑。

（8）政策建议。新发展阶段，根据国家重金属污染防治规划的要求，从重金属污染源头管理、区域协同理性决策、信息化手段辅助执法、公众参与和媒体监督等角度，依托技术、市场、行政、法律四大手段，提出针对性强、可操作性大的长江经济带重金属污染风险防范对策。

本章小结

  本章主要分析了长江经济带在水文、水系、地形地貌、气候、产业、人口、发展规划和重金属污染方面的背景情况；提出了长江经济带多年重金属污染的历史、特征及主要问题，根据长江经济带重金属污染现状和国家生态环境保护相关规定，梳理了国内外关于重金属污染风险防范的研究进展，分析借鉴国外区域重金属污染风险防范的先进经验；明确了长江经济带重金属污染风险防范研究的目的与意义，以及研究的基本内容。

第二章 长江经济带重金属污染及风险防范现状调查

长江流域分布着密集的城市群，经济发达、人口密度大。长期以来，大量污水和工业"三废"未经有效处理直接排入长江，重金属污染及风险防范现状调查对于准确判断长江经济带各区域重金属污染形势，制定并实施有针对性的重金属污染风险防范政策，不断提高环境治理系统化、科学化、法治化、精细化和信息化水平，加快推进生态文明建设，补齐全面建成小康社会的生态环境短板具有重要意义。

重金属污染状况调查主要针对各类污染源的数量、行业和地区分布情况，了解主要污染物的产生、排放和处理情况，建立重点污染源档案、污染信息数据库和数据统计平台，为制定社会经济发展和环境保护政策、规划提供依据。污染风险防范现状调查是全面掌握长江经济带环境状况的重要手段，有利于正确判断重金属污染形势，科学制定环境保护政策和规划；有利于有效实施主要污染物排放总量控制计划，切实改善环境质量；有利于提高环境监管和执法水平，保障区域环境安全；有利于加强和改善沿江工业区规划，促进经济结构调整，推进资源节约型、环境友好型社会建设；为下一步构建长江经济带重金属污染风险防范机制提供数据基础。

第一节 长江经济带重金属污染及风险防范情况调查

为了准确掌握长江流域重点区域重金属污染来源、时空分布规律及污染风险防范制度的客观准确数据，课题组收集整理长江主要干流及代表性支流国控或省控断面水体和重点区域土壤的重金属浓度数据，赴贵州省、重庆市、湖南省、湖北省、江西省和安徽省等地的环保管理部门、工业园区和涉重金属企业开展调研。

调研数据主要包括三类。

一、法律法规

整理中国城市统计年鉴、中国环境统计年鉴、长江流域统计年鉴，收集长江经济带重金属产业布局、重金属企业数量、长江经济带各区域重金属环境规章制度等经济、法规文件。

整理上市企业财务报表及社会责任报告，分析近十年长江经济带涉重金属企业布局规划、产业集聚、节能减排、数字化转型及突发事件应急管理等领域的相关文件，2020年新颁布的涉重金属污染防治部分法律法规见表2-1。

表2-1　2020年新颁布的涉重金属污染防治部分法律法规

序号	颁布时间	颁布机构	名称
1	2020年2月	中共中央办公厅、国务院办公厅	《关于全面加强危险化学品安全生产工作的意见》
2	2020年3月		《关于构建现代环境治理体系的指导意见》
3	2020年4月	全国人民代表大会常务委员会	《中华人民共和国固体废物污染环境防治法》
4	2020年6月	国务院办公厅	《国务院办公厅关于印发生态环境领域中央与地方财政事权和支出责任划分改革方案的通知》
5	2020年9月		《国务院办公厅关于促进畜牧业高质量发展的意见》
6	2019年11月	住房和城乡建设部	《有色金属堆浸场浸出液收集系统技术标准》
7	2020年4月	工业和信息化部、国家发展改革委、自然资源部	《有色金属行业智能工厂（矿山）建设指南（试行）》
8	2020年7月	国家发展改革委、住房和城乡建设部	《城镇生活污水处理设施补短板强弱项实施方案》
9	2020年4月	生态环境部	《排污单位自行监测技术指南　水处理》（HJ 1083—2020）
10	2020年1月		《砷渣稳定化处置工程技术规范》（HJ 1090—2020）
11	2020年1月		《纺织染整工业废水治理工程技术规范》（HJ 471—2020）
12	2020年1月		《黄金工业污染防治技术政策》
13	2020年1月		《排污许可证申请与核发技术规范　金属铸造工业》（HJ 1115—2020）

二、空间地理信息

借助中国科学院遥感与数字地球研究所与百度地图 API，获得了长江经济带涉重金属企业空间位置信息、土地利用类型、土地质量变化、水域湿地面积指数及绿化现状等文件。

三、流域重金属浓度数据

依托国家水质自动综合监管平台、中国环境监测总站、湖南省地表水水质自动监测系统、江苏省饮用水源地自动检测平台、江西省环境质量信息发布平台等环境监测平台，获取了相关区域水体的重金属浓度数据。某支流国控断面金属铅浓度2019年月汇总数据见表2-2。

表2-2　某支流国控断面铅金属浓度2019年月汇总（部分）　　　单位：mg/L

	断面 1	断面 2	断面 3	断面 4	断面 5	断面 6	断面 7	断面 8	断面 9
1 月	0.001 4	0.001 3	0.001 4	0.001 3	0.001 4	0.001 4	0.001 3	0.001 2	0.001 2
2 月	0.001 3	0.001 3	0.001 3	0.001 3	0.001 3	0.001 3	0.001 3	0.001 2	0.001 2
3 月	0.001 3	0.001 3	0.001 3	0.001 3	0.001 3	0.001 3	0.001 3	0.001 2	0.001 2
4 月	0.001 3	0.001 3	0.001 3	0.001 3	0.001 3	0.001 3	0.001 3	0.001 2	0.001 2
5 月	0.001 3	0.001 3	0.001 3	0.001 3	0.001 3	0.001 3	0.001 3	0.001 2	0.001 2
6 月	0.001 2	0.001 2	0.001 2	0.001 2	0.001 3	0.001 3	0.001 2	0.001 2	0.001 2
7 月	0.001 2	0.001 2	0.001 2	0.001 2	0.001 3	0.001 2	0.001 2	0.001 2	0.001 2
8 月	0.001 2	0.001 2	0.001 2	0.001 2	0.001 3	0.001 2	0.001 2	0.001 2	0.001 2
9 月	0.001 3	0.001 3	0.001 3	0.001 3	0.001 3	0.001 3	0.001 3	0.001 2	0.001 2
10 月	0.001 4	0.001 3	0.001 4	0.001 4	0.001 4	0.001 4	0.001 3	0.001 2	0.001 2
11 月	0.001 5	0.001 4	0.001 4	0.001 4	0.001 4	0.001 4	0.001 4	0.001 2	0.001 2
12 月	0.001 5	0.001 4	0.001 4	0.001 4	0.001 4	0.001 4	0.001 3	0.001 2	0.001 2

某支流国控断面监测点金属镉、铅、砷浓度2019年月汇总数据见表2-3至表2-7。

表2-3　2019年监测点1处各重金属浓度分时记录　　　单位：mg/L

	镉	铅	砷		镉	铅	砷
1 月	0.001 364	0.001 368	0.001 370	7 月	0.001 201	0.001 203	0.001 212
2 月	0.001 289	0.001 290	0.001 294	8 月	0.001 239	0.001 241	0.001 249

表2-3（续）

	镉	铅	砷		镉	铅	砷
3 月	0.001 289	0.001 290	0.001 295	9 月	0.001 290	0.001 291	0.001 299
4 月	0.001 289	0.001 290	0.001 296	10 月	0.001 368	0.001 369	0.001 376
5 月	0.001 241	0.001 243	0.001 253	11 月	0.001 481	0.001 482	0.001 486
6 月	0.001 202	0.001 204	0.001 213	12 月	0.001 480	0.001 481	0.001485

表2-4　2019年监测点2处各重金属浓度分时记录　　　　单位：mg/L

	镉	铅	砷		镉	铅	砷
1 月	0.001 332 545	0.001 339 450	0.001 344 452	7 月	0.001 189 291	0.001 194 080	0.001 212 316
2 月	0.001 265 788	0.001 268 063	0.001 277 793	8 月	0.001 222 697	0.001 227 089	0.001 244 074
3 月	0.001 266 157	0.001 268 655	0.001 279 365	9 月	0.001 267 972	0.001 271 943	0.001 287 989
4 月	0.001 266 662	0.001 269 763	0.001 282 261	10 月	0.001 335 162	0.001 338 313	0.001 352 857
5 月	0.001 225 595	0.001 230 654	0.001 250 023	11 月	0.001 433 298	0.001 434 807	0.001 443 506
6 月	0.001 189 963	0.001 195 254	0.001 215 373	12 月	0.001 432 476	0.001 434 081	0.001 441 506

表2-5　2019年监测点3处各重金属浓度分时记录　　　　单位：mg/L

	镉	铅	砷		镉	铅	砷
1 月	0.001 343 052	0.001 358 368	0.001 371 155	7 月	0.001 210 296	0.001 225 784	0.001 255 725
2 月	0.001 277 279	0.001 286 546	0.001 304 527	8 月	0.001 242 006	0.001 256 714	0.001 285 146
3 月	0.001 278 654	0.001 288 638	0.001 308 100	9 月	0.001 286 126	0.001 300 339	0.001 327 911
4 月	0.001 281 087	0.001 292 607	0.001 314 792	10 月	0.001 350 236	0.001 363 383	0.001 389 490
5 月	0.001 247 806	0.001 264 468	0.001 296 583	11 月	0.001 440 620	0.001 449 946	0.001 468 469
6 月	0.001 212 920	0.001 229 862	0.001 262 661	12 月	0.001 438 491	0.001 447 244	0.001 463 843

表2-6　2019年监测点4处各重金属浓度分时记录　　　　单位：mg/L

	镉	铅	砷		镉	铅	砷
1 月	0.001 335 604	0.001 349 32	0.001 366 746	7 月	0.001 214 225	0.001 230 045	0.001 270 825
2 月	0.001 273 164	0.001 280 009	0.001 304 420	8 月	0.001 243 495	0.001 257 753	0.001 296 417
3 月	0.001 275 005	0.001 282 737	0.001 309 169	9 月	0.001 284 985	0.001 297 831	0.001 335 260
4 月	0.001 278 278	0.001 287 832	0.001 317 949	10 月	0.001 343 921	0.001 354 347	0.001 389 697
5 月	0.001 250 718	0.001 267 301	0.001 310 994	11 月	0.001 425 598	0.001 429 58	0.001 454 584
6 月	0.001 217 763	0.001 235 365	0.001 280 047	12 月	0.001 422 922	0.001 426 098	0.001 448 500

表2-7　2019年监测点5处各重金属浓度分时记录　　单位：mg/L

	镉	铅	砷		镉	铅	砷
1 月	0.001 337 956	0.001 376 424	0.001 370 174	7 月	0.001 225 051	0.001 257 689	0.001 286 123
2 月	0.001 275 948	0.001 298 002	0.001 308 038	8 月	0.001 252 316	0.001 283 998	0.001 306 730
3 月	0.001 278 504	0.001 301 998	0.001 313 618	9 月	0.001 292 189	0.001 323 724	0.001 343 600
4 月	0.001 282 994	0.001 309 271	0.001 323 859	10 月	0.001 347 300	0.001 378 243	0.001 394 589
5 月	0.001 261 747	0.001 297 178	0.001 324 893	11 月	0.001 422 143	0.001 431 981	0.001 451 306
6 月	0.001 229 957	0.001 265 431	0.001 297 420	12 月	0.001 418 611	0.001 411 041	0.001 444 267

赴安庆铜矿、梅山铁矿、水口山铅锌矿、瑶岗仙钨矿等企业实地调查，获取相关区域土壤重金属含量数据。某矿区土壤样本重金属含量数据见表2-8和表2-9。

表2-8　土壤样本重金属含量（部分）　　单位：mg/ kg

样品编号	Mn	Cu	Zn	Pb	Cd	Ni
X1	90.68	44.07	69.75	41.18	0.12	39.34
X2	93.45	34.18	50.26	27.25	0.10	33.19
X3	171.84	30.08	63.79	34.93	0.08	28.10
X4	57.09	35.18	46.51	23.96	0.09	28.95
X5	366.66	24.54	81.83	42.61	0.16	28.03
X6	136.22	28.30	50.43	24.04	0.11	29.50
X7	317.03	23.36	54.01	27.08	0.08	29.85
X8	340.57	21.52	43.37	27.06	0.08	18.19
X9	173.28	20.25	43.86	26.98	0.11	27.06
X10	131.04	28.52	64.63	25.53	0.08	26.27
X11	11.78	42.99	45.19	22.36	0.11	35.16
X12	145.31	30.63	47.92	27.08	0.08	29.40
X13	88.08	33.36	37.31	19.28	0.10	32.08
X14	95.21	49.42	67.08	44.19	0.14	30.28
X15	98.22	28.99	48.52	25.67	0.10	26.87
X16	178.54	20.31	35.57	25.5	0.05	21.77
X17	54.91	29.83	59.83	39.68	0.13	18.71
X18	133.15	72.66	96.71	39.47	0.14	25.77
X19	400.81	39.16	111.81	52.05	0.35	37.50

表2-8（续）

样品编号	Mn	Cu	Zn	Pb	Cd	Ni
X20	137.92	24.53	48.46	20.81	0.06	21.75
X21	226.59	25.20	54.37	20.87	0.14	28.53
X22	42.86	28.86	41.12	30.24	0.11	24.06
X23	128.56	26.07	44.62	30.18	0.11	19.53
X24	140.07	19.95	47.91	22.33	0.11	23.94
X25	171.33	34.54	73.10	37.93	0.12	28.92
X26	109.33	19.68	48.29	23.91	0.09	24.87
X27	88.26	19.15	47.54	30.25	0.06	21.38
X28	26.13	29.75	49.06	20.86	0.09	27.63
X29	49.93	25.77	55.86	28.62	0.05	27.15
X30	73.66	27.25	48.93	25.47	0.07	28.01

表2-9　矿区绿地土壤重金属含量统计值（部分）　单位：mg/kg

土地类型	Mn	Cu	Zn	Pb	Cd	Ni
附属绿地	231.45	35.68	74.58	29.14	0.13	24.21
公共绿地	164.14	26.19	69.55	46.13	0.18	27.74
道路交通绿地	260.33	24.08	66.78	28.12	0.07	30.36
生产绿地	284.58	19.29	57.45	24.02	0.09	22.21
土壤背景值	459.00	94.90	27.30	29.70	0.13	31.90

第二节　长江经济带重金属污染风险防范现状分析

一、长江流域重金属污染趋势

长江流域的工业化、城市化和农业集约化程度普遍高于全国其他地区。各省市依托水运、水电优势，集中发展沿江化工、有色金属相关产业。调查发现，在长江流域，主要河流湖泊有1 900多个排污点，长江排放的污水总量为2.8×10^{10} m³/a，其中工业和企业废水约占57%。由于农业生产中大量使用化学肥料和农药，雨水冲刷后流入长江，也导致重金属含量增加，同时，农业生产中的污水灌溉和堆肥污泥也增加了水中的金属含量，另外，长江是我国最重要的水上交通线之一，航运业发达，交通运输中产生的污染物也是长江流域重金属污染的重要原因。

调查发现，在长江流域的4个主要湖泊中，洞庭湖沉积物中重金属污染物主要有 Cd、Hg、As、Pb、Cu、Cr，其中 Cd 和 Hg 是首要两大金属污染物；鄱阳湖沉积物中的重金属污染物主要有 Hg、Cu、Pb、Cd、As、Cr、Zn，重金属污染的潜在生态风险主要是由 Hg 和 Cu 这两种重金属构成；太湖流域重金属污染总量介于安全和中度污染之间，Hg、Cu 和 Zn 三种元素是太湖流域的主要重金属污染物；巢湖水域重金属污染水平较低，只有 Hg 元素的浓度为第三类地表水质量，其他几个重金属元素可以达到第一类、第二类地表水标准。总而言之，Hg 和 Cd 这两种重金属对长江流域影响最大，其中 Hg 污染几乎分布在整个长江流域，是大多数地区的主要污染物；Cd 污染主要分布在长江流域的长江中下游；Cr 污染主要分布在长江下游干流地区；Cu 污染主要分布在长江下游，包括鄱阳湖和太湖。

调查表明，长江流域在水生环境中，沉积物中重金属元素的数量可以大致反映河流中重金属污染的程度。长江干流的沉积物主要来自上游，金沙江占34.7%，嘉陵江占22.5%，沉积物中最严重的污染元素是 Hg 和 Cd；长江中游汉江、湘江、赣江水系流量较大，重金属污染是其水环境污染的主要原因，Hg、Pb、As 和 Cd 是主要的重金属污染物；长江中下游水系重金属污染元素为 Cr、Hg、Cu 和 Pb，Cu污染与各地重工业空间分布有关，在铜陵市、安庆市、南京市等地污染较严重。

当前，随着工业化和城市化进程加快以及生产方式的转变，长江流域重金属污染呈现出以下趋势。

1. 由城市污染向农村污染转移

一方面，随着城市化的持续发展，工业污染往往从发达地区转移到欠发达地区，从城市转移到农村。移徙到农村地区的工业和采矿企业甚至有非法开采和冶炼的活动，工业废弃物直接排放于农业生态系统，因没有得到有效处理，导致农田土壤污染增加。此外，由于在农业灌溉中使用污染水源，地表径流和地下径流加剧农田污染。

2. 由点源污染向面源污染转变

早期土壤污染主要是受工业"三废"的直接影响，土壤污染为点源污染，随着经济和社会的不断发展，化学肥料被广泛用于农业生产，运输车辆也越来越普及，使污染分布不断从点源污染转向线源污染和面源污染。

3. 由单一污染向复合型污染转变

由于工业企业由东部沿海向内地转移、农业现代化中农业灌溉污染水源的转移、物流交通运输业大发展，重金属污染呈现出由单一污染向复合型污染转化的趋势。重金属污染的方式由固态污染、气型污染或水型污染的其中一种转变为固、气、水复合污染，重金属污染的类型也由单一重金属污染转变为多种重金属复合型污染。

二、重金属污染风险防范存在的问题

（一）污染源辨析问题

准确全面的污染源分布特征、数量和特点是重金属污染风险防范的基础性工作，关系到后续的风险评估，以及环境决策的科学性和可行性，但由于长江经济带涉及范围广、技术力量不足等原因，多年来，沿江两岸的涉重金属企业、化工企业和农业企业存在污染数据上报不及时、不真实、不准确的情况，导致重金属污染源调查数据不准确，基础数据缺失。

（二）重金属污染风险时空分布规律不明确

长江流域范围广，水文特征复杂，重金属污染迁移路径长，导致长江经济带重金属时空分布规律不明确；同时，受技术条件影响，全流域重金属污染检测不一致、不同步，需对重金属污染的时空分布规律进一步发掘。

（三）重金属污染风险传导机制模糊

随着各地区工业化、城镇化和区域经济一体化的进程加快，长江经济带内合作不断深化，上中下游各省市之间加深了资源共享、产品交换。重金属污染问题从最初的只存在于某一行政区域开始跨越其行政边界向周边区域，甚至沿着长江向其他区域扩散。

长江经济带的涉重金属企业以盈利为目的，从原料的保存到产品的生产制作以及企业"三废"的排放整个过程，都遵循以最低的成本获取最高的经济收益原则，忽视对环境的保护和重金属污染的治理；加上地方政府为了确保财政收入，默许重金属污染企业出现"地方保护主义"和偷排漏排现象；公众对重金属污染数据掌握不及时、不准确，环保意识不强，导致对重金属污染企业监督不到位；

区域内各部门、区域间灾害应急联动机制不完善，环保、水利、国土部门应急响应滞后，政府与民众沟通不足等都会导致风险暴露，最终演变成环境事故。

（四）环境监测信息缺乏公信力

环境质量的客观评估、污染控制有效性的反映、环境管理的决策和实施都依赖于环境监测数据。目前，各地方政府没有统一环境监测标准，有关部门的环境监测数据仍然不一致，污染物排放企业的自检数据多次被篡改，环境监测机构的服务水平参差不齐，造成环境监测数据质量不达标，由此导致政府公布的环境监测信息缺乏公信力，影响公众对重金属污染程度的判断力，进而影响重金属污染风险的防范。

（五）流域各行政主体难协调

预防长江经济带重金属污染风险是涉及至少两个行政区的跨界污染问题。由于涉及多个部门甚至不同地区，一个行政机构往往无法全面控制重金属污染，需要多行政主体合作。我国目前的重金属污染防治系统是一个分类和分部门的系统，各级人民政府对本区域的水环境质量负责，生态环境部负责环境载体中重金属污染，而其他如水利、运输和农业部门在其各自职责范围内监督和管理重金属污染。面对污染风险防范，不同的行为主体将采取不同的决策思路，并选择合理的行为方式，个人的"理性"将导致集体的"非理性"。同一流域的各行政主体之间缺乏沟通与合作，导致重金属污染负面影响外溢。

当前，政府职能的缺位现象较普遍，由于各行政机构的利益、目标和发展计划不一致，一些地方仍在追求单方面经济增长。GDP 增长率仍然是衡量地方政府业绩的最重要指标，在政府职能尚未完全转变的地方，地方政府面临环境保护问题有不同的利益考虑和行为选择。中央政府重视经济、社会发展与生态环境的协调，但是，受限于环境治理的高昂经济成本，地方政府没有足够动力致力于环境保护，特别是在目前的财政和税收制度下，其更加注重地方经济的短期发展，而不是环境治理问题。从监督机制看，由于政府上下各级之间的信息传递链太长，地方政府有足够的能力来控制信息的传播，从而导致环境问题上出现强烈的机会主义趋势。

三、重金属污染风险防范影响因素分析

（一）区域经济发展不平衡

1. 综合经济实力的不平衡

长江经济带的东部、中部和西部地区综合经济实力极不平衡，东部地区三省市的土地面积占整个长江经济带面积不到1/5，人口占全区的27.5%，而 GDP 占整个长江经济带的49%，工农业总产值占55%。从人均工业总产值来看，东部地区是中部地区的3.4倍，是西部地区的5.4倍。对于人均工农业总值，东部地区是中部地区的2.9倍，是西部地区的4.3倍，东部地区与中部、西部地区之间的工业差距尤为明显。而在人均出口值方面，东部地区是中部地区的11.5倍，是西部地区的16.3倍。中部、西部地区与东部地区在生产效率上的差距非常大。

2. 产业结构的梯度差异凸显

长江经济带地区间产业的发展阶段、层次与水平差距十分明显。

下游地区三产结构从2000年的18.29：55.25：26.46到2017年的5.86：48.92：45.22，由第二产业最大逐渐转变为第二产业、第三产业并重发展。

中游地区三产结构从2000年的32.57：39.03：28.40转变为2017年的14.26：49.13：36.60，第二产业比重逐年增长且增长幅度较大，第三产业也呈现持续上升的态势，产业结构形成"二三一"的格局。

上游地区三产结构从2000年的33.93：40.90：25.17转变为2017年的12.94：48.44：38.62，第二产业和第三产业发展迅速也形成了"二三一"格局，但在经济总量上与中下游有一定差距。

3. 产业空间结构的不平衡

不同地区的区位优势、资源禀赋和发展基础不同，导致经济发展水平的不同。从生产力布局看，上海市各主导产业合理分布在沿江地带，经济发展水平最高；江苏省及湖北省的沿江产业密集，生产力发展水平较高；而安徽省、江西省、湖南省、四川省四省的经济发展空间较大。

4. 生态环境基础设施建设的不平衡

当前全国都在加快新型基础设施建设，各部门和地方都推出了新一轮基础设施投资计划，但各地区经济发展的不平衡同样表现在生态环境基础设施上。从污

水处理和垃圾的收集系统与设施来看，无论是总量或人均量，东部和中部的差距较小，而西部与东部、中部的差距则较大。中西部在补齐铁路、公路、机场等传统基础设施短板的同时，也需要加大生态环境基础设施建设。

（二）区域利益诉求不统一

长江经济带重金属污染治理属于跨界、跨省生态问题，但跨行政区间各政府机关存在认知不统一、利益不统一、制度不统一等现象。在长江经济带跨区域治理的实施过程中存在诸多差异，各省市地方政府都以自身的经济利益和生态环境利益为导向，采取本区域的利益作为跨界生态环境治理合作的出发点，阻碍了实现跨界生态环境共同治理的目标。中央政府和地方政府的利益存在差异：中央政府希望全国各地区经济、生态全面协调可持续发展；而地方政府可能承担政绩、民生、就业、税收的任务，在经济发展条件有限的情况下，部分走上了"先发展后治理"的老路。企业与公众的利益不统一：企业是以营利为目的的组织，更多考虑的是营利、企业的生产成本、员工的福利等等，最后关注生态环境；公众的利益诉求则是既要有高工资、又要有好生活环境，体现了区域利益、主体利益诉求的不同 [57-60]。

（三）政府治理能力的差异

政府对环境保护理念不一致，治理能力有差异。有的政府重视生态环境，有的政府重视经济发展，"先发展后治理"是很多地区经济社会发展的传统路径，虽然近年来政府越来越重视生态环境保护，但"GDP至上"的发展理念并没改变，长江经济带不同行政区域的地理位置、环境承载力和环境污染差别很大，地方政府对跨界环境污染问题的态度也有所不同。

经济发展较好的地区，如江苏省、上海市，其环境保护和治理投入逐年增加，制定了适合当地环境保护和经济发展的地方性法规和制度，强化高污染、高耗能企业整改力度。长江上游地区经济相对较弱，基于经济发展的需要，其传统产业的转型升级面临更大的资金压力，加重了生态环境治理的成本和难度。

受地方财政实力的制约，基层地方环境管理服务的发展不平衡，经济欠发达地区的环境服务薄弱。在没有统一的中央财政支持下，长江经济带不同地区对环境保护的投入迥异，环境保护机构的规模和力量受到地方经济条件和地方政府的限制，部分区域环境保护队伍缺乏财力、人力、技术的支持，影响了环境治理能力的提升。

（四）环境执法力度不够

1. 监督机制无效力

地方政府基于"唯 GDP 政绩观"，牺牲资源和环境换取区域经济的高增长，使环境管理成为虚拟化和削弱的职能。在具体的环境管理实践中，不作为、乱作为、权力寻租的现象屡禁不绝。现行的环境保护法没有明确规定新闻媒体、群众组织和公民个人应如何有序地监督和限制政府的环境行政行动[61]。由于人手不足，地方环境保护机构往往采取被动监督的方式。环境影响评估只在项目成立初期得到批准，但其在企业投入生产后对环境污染进行的监督力度不足。

2. 法律法规不健全

相关法律制度滞后，立法内容规定过于概括性。对农业土壤重金属污染防治、污染企业搬迁后遗留土地的土壤重金属污染整治及对重金属污染土壤的清除、置换和修复的技术性规定较滞后[62]。《中华人民共和国环境保护法》及相关法律、行政法规和地方法规比较笼统，法律责任缺乏具体的可操作性。

3. 执法机制不完善

目前我国关于环境污染的法律制度并没有全面规定违法的后果，违规行为被上级机关实施行政处罚或构成犯罪，司法机关将依法追究刑事责任，但对于如何补偿受害者以及灾后恢复和重建等民事责任没有相关规定。对污染者的惩罚太轻，非法的代价远远低于非法收入[63]。司法机关每年对环境污染负责者和管理机构作出的刑事判决案件不多，其中大多数是环境行政审查和环境行政处罚案件。公司守法性成本远远高于违法成本[64]。

4. 跨界协作机制缺失

长江流域重金属污染具有明显的外溢效应。从历史上看，缺乏高级别部门协调机制导致了部门和地方保护主义盛行。在环境管理实践中，关于各省市行政部门和主管部门权力分配的立法条例过于笼统、模糊和不完善，导致许多环境部门在适用行政法时出现异化现象[65]，各省市的管理部门和权力的行使偏离了环境行政目标。根据行政法律制度的原则，每个部门往往将自己机构的行政权力与整个流域的总体目标分开，从该部门的狭隘利益出发，对其他行政部门采取不合作、不支持和不援助的消极对策，部门保护主义、本位主义盛行 [66]。

（五）部分区域公众环保意识不强

虽然近年来生态文明建设取得了较大成果，但社会公众的参与度与积极性并不高，特别是当环保行为需要牺牲个人生活便利性时 [67]。目前大部分城乡居民不能准确地进行垃圾分类，积极性不高，工作推动面临较大难度。长江流域涉及11个省（市）居民，对重金属污染风险的防范要取得所有人的一致支持，阻力较大。环境保护工作主要由政府主导，公众被动参与，个人的积极性不够 [68]。重事故解决，轻事故预防。在环境遭到破坏，影响人们正常生活，危及自身的利益后，公众才逐渐参与环境保护行动，这种末端参与形式进一步使我国环境保护意识低下。非政府环保组织对环境保护工作具有重要的作用，但其影响力却不足，是由于民间环保组织没有得到政府和民众的广泛认可，信誉度不高 [69]。我国目前存在5 000多家民间环保组织，虽然有着较大的规模但却没有发挥出足够的作用，其对政府的环保政策制定影响力不够 [70]。

本章小结

为了准确掌握长江流域重点区域重金属污染的来源、时空分布规律及污染风险防范制度的客观准确数据，开展了长江经济带重金属污染及防范工作现状调查，阐明了长江经济带重金属污染趋势变化情况，归纳出长江经济带重金属污染防治存在的主要问题。从经济发展水平、政府治理能力、利益诉求差异、环境执法和公众参与等视角提出影响长江经济带重金属污染风险防范效果的主要因素，为后续构建重金属污染风险防范机制提供数据基础。

第三章 长江经济带重金属污染风险防范机制构建

长江经济带高速发展的同时，重金属环境污染问题日益凸显，各种重金属污染物可通过饮食、呼吸等途径进入人体，对健康造成危害。但由于环境污染对健康的损害具有滞后性，重金属污染物从排放到进入人体，最后造成健康危害，可能需要几年、十几年甚至更长时间，很多时候人们的直观感受不强。然而，一些健康危害一旦造成，后果却不可逆转，如血铅对儿童的危害，一旦造成智力损伤，将很难恢复。过去基于优先发展经济等诸多因素，社会各界对于保障公众环境健康认识不足，缺乏环境与健康保护的基本制度；另外，重金属环境污染对健康的影响往往呈现多源头排放、多介质污染、多途径暴露和多受体危害的特征，这意味着环境与健康问题涉及的社会关系极其复杂，牵扯的利益关系非常多元，环境与健康风险所产生的社会心理扩散效应可能远远超过环境污染本身造成的健康效应。因此，迫切需要从技术手段、区域协同、环境规制、安全管理、法律体系、环保意识等角度构建完善的长江经济带重金属污染风险防范机制。

第一节 机制的内涵、原则及主体

一、内涵

长江经济带重金属污染风险防范机制是进行污染源辨识与调查、迁移规律分析、污染风险传导分析、污染风险评估与可视化表达、污染风险全过程管理、全域重金属污染风险信息管理、协调政府与企业和公众相互关系的系列方法和制度，即在国家建设长江经济带的大背景下，运用新技术、新手段辨析区域内重点工业区的重金属污染源、调查重金属污染分布状况、研究重金属迁移规律、开展重金属污染风险评估、研究风险传导链、提出风险全过程防范模式、研究风险数据共享与可视化表达方法、构建污染风险区域协同防范机制、解决长江经济带重金属污染风险防范的关键科学性问题，为长江经济带环境管理和区域经济的可持续发展提供决策支持。长江经济带重金属污染风险防范机制运行如图3-1所示。

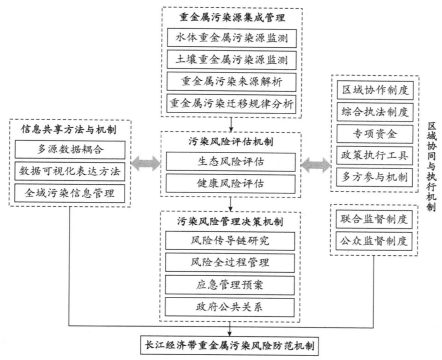

图3-1　长江经济带重金属污染风险防范机制运行图

二、基本原则

（一）区域协同多主体共治

长江经济带覆盖上海市、江苏省等11个省（市），横跨东、中、西三大区域，各区域的社会、经济、文化差异明显，面临的环境治理问题各不相同。重金属污染风险防范机制需要长江流域11个省（市）的共同参与和协同共建。

重金属污染风险防范由中央政府主导、地方政府执行、企业为主体、公众和媒体参与，共同建立多主体协同行动体系，对重金属污染风险进行全面防控和监管。明确各省市区间的责任，加强各地区间的合作，以目标和问题为导向，专业自主，注重统一领导。

在制定长江经济带发展规划的过程中，中央政府及相关部门应对长江流域的产业布局做出规划，上下游各省区市间共同坚持"共抓大保护，不搞大开发"。

各省区市在对长江经济带沿岸累积性重金属污染进行综合评估后，识别出现有主要重金属污染源，在重金属污染风险暴露前加强管理，从污染源头减少风险。确定优先管理领域、重点管理领域和主要风险类型，并加强预先管理；根据风险类别和空间分布情况，全面评估农村土壤和饮用水等关键领域的环境风险，并在区域水生环境中实施重金属污染风险分类和分区的预防及控制，确定环境风险预防和控制单位，建立农村环境风险预防清单和开发利用负面清单。

（二）"一地一策"弹性化调整

长江经济带内区域差异显著，且重金属污染源是区域性的，各区重金属污染风险防范方法和制度具有"一地一策"的特点。在长江经济带重金属污染风险防范机制的实施过程中，特别是在制定重金属污染风险防控的方案、计划时要留有余地，备有应急方案。长江经济带重金属污染风险具有鲜明的复杂性和动态性，涉及多种参数，自然环境、人为环境复杂，决策环境多样，决策和应急管理要有应变措施，在时间分配上留有余地。

（三）量化风险评估

量化风险评估，构建长江经济带重金属风险评估体系，开展重点地区重金属污染风险调查，建设长江经济带水污染信息网和长江流域重金属污染风险预警系统，实现风险监测、预报和预警的标准化。提高监测环境风险的能力和水平，重视技术咨询，建立基于元数据和空间信息技术的风险数据库和区域信息共享平台，并通过智能风险识别将定量化的环境风险纳入常态化管理。

量化重金属污染风险评估，需将日常监测获取的重金属污染风险数据转化为系统性、科学性的决策评估数据，将其提供给各管理主体，辅助科学决策。定量化的重金属污染风险数据可以缓解决策者对信息缺失的焦虑，平衡各类参与者之间的利益冲突，是环境管理决策的基础。

（四）完善污染成本收益核算机制

重金属污染的成本收益核算是对长江经济带化工、冶金等涉重金属企业在生产过程中对长江区域产生的重金属污染所产生的治理费用，以及治理后所产生的生态收益进行核算。达到"帕累托最优"，需要减少排污的边际成本等于减少排污的边际收益，但目前减少排污的收益很难定义、更难量化；核算机制还涉及政策是否达到预期目标、是否成本最小、执行和监督的力度有多大，政策是否充分利用科技手段，收益分配的公正性如何（谁多承受成本，谁少承受成本；谁多享受收益，谁少享受收益）等等。

（五）保证企业安全生产

保证企业的安全生产、提高企业的生产效益是防范重金属污染风险的目的之一。企业安全管理的对象是生产中一切人、物、环境的行为与状态，是一种动态管理，包括安全组织管理、企业场地与设施管理、行为控制和安全技术管理等，对企业安全管理对象分别进行具体管理与控制。相关企业的风险防范工作涉及生产方针、计划、组织、指挥、协调、控制等各环节，对职工的安全意识、作业环境、教育和训练、年度工作目标、阶段工作重点、安全措施项目、危险分析、不安全行为、不安全状态、防护措施与用具、事故灾害的预防都提出具体要求。坚持预设极限情况的原则，建立信息公开制度，保证重金属生产安全信息即时、全面、准确和科学，加强信息沟通。

另外，重金属污染防范应遵循公众参与、媒体监督等原则，调动公众和媒体的积极性，使其参与到污染风险防范管理中，监督政府和企业行为，提出优化建议。

三、工作主体

（一）政府主导

在重金属污染风险防范中发挥政府的主导作用，完善政府绩效考核机制，构建环境保护激励与惩处并重的机制，加强智慧城市与环境信息化建设力度。

地方政府绩效评价体系中应纳入"绿色GDP"相关内容，明确各环境保护相关职能部门的责任。根据中央政府要求制定"生态环境损害终身责任制度"，明确地方政府在保护环境和居民健康方面的责任，在环境审计、地方政府负责人离职审计中，纳入保护人民群众免受环境污染对其生命和健康影响的内容。

建立激励与惩罚并重的机制，对企业采用重金属污染保证金制度，把税收财政措施与重金属污染防治效果相结合，重点支持重金属综合治理力度大、效果好的区域与企业发展。

加大环境管理信息系统建设力度。通过优化和协同建设污染监测信息、环境统计信息、排污收费、污染申报和登记、生物多样性管理、环境质量管理、污染源管理、卫星环境遥感应用、环境空气质量预测和其他信息管理系统来提高管理效率。

加强智能城市建设和智能环境保护，通过统一规划平台、统一标准、统一安全级别、统一操作和维护促进环境保护信息化，并结合云计算、大数据、AI（人工智能）等技术进行生态环境评估和预测，迅速跟踪污染情况，并促进监测和监督的自动化和智能化。

（二）企业主体

涉重金属企业是重金属污染风险防范的第一责任主体，企业是市场中自主经营、自我发展和自我约束的法人和实体，对生产经营过程中产生的重金属排放承担第一责任，重金属污染的治理和修复也离不开企业的主体责任，体现责、权、利一致性原则，能够有效避免环境污染外部性问题。

（三）公众参与

公众是重金属污染最直接的利益相关者，也是环境污染和生态破坏的最有力见证者，通过民主参与维护自己的利益。公众参与是环境民主的重要表现，也是环境保护发展的必然要求。公众的参与不仅可以反映公众的价值目标，以及在重金属污染风险管理方面确保利益平衡，而且也是环境风险管理合法性的一个先决条件 [59]。环境损害和污染与公众密切相关，但公众目前缺乏足够的平台和渠道来行使知情权、参与权、发言权和监督权。

（四）媒体监督

媒体是传播信息的媒介，媒体的功能包括监测社会环境、协调社会关系、传承文化、提供娱乐、教育市民大众、传递信息、引导群众价值观等，并且其具有速度快、范围广、影响大的特点 [60]。媒体监督主要是利用网络、报纸、刊物、广播、电视等大众传媒对各流域的重金属污染情况进行报道、评论。舆论监督不具备法律监督、组织监督、行政监督的刚性特点，但却可以产生强大的、无形的力量，促使偏差行为主体强化自律。

第二节　机制运行的内容与方法

一、工作机制

（一）综合监测

重金属污染具有长期、累积、隐蔽、潜在和不可逆转等特点，一旦发生将造成严重损害，并且污染持续时间长、治理成本高，严重威胁经济和社会的可持续发展，综合监测是有效管控污染风险的重要手段。

重金属污染参数具有复杂性和动态性，而且其参数多、自然环境复杂。重金属污染风险综合监测范围包括：大气环境中重金属浓度实时监测、水环境中重金属污染浓度实时监测、流域土壤环境中重金属污染浓度实时监测、主要粮食产区重金属浓度定时监测、工业区"三废"综合监管、城市道路交通环境重金属污染浓度实时监测。

（二）污染源集成管理

风险源头管理是整个风险防控的重点，基于全生命周期角度进行污染源集成管理，并对风险状况进行评估，为了落实责任推行网格化管理。

重金属污染源是区域性的，污染源头集成管理也应具有地方特色。对于一些污染严重的省市，应当构建关键重金属污染源集成管理体系；重点行业应建立重金属生产和排放系数测量系统。精确掌握源头数据和污染迁移规律，促进重金属污染风险信息管理的建设，厘清关键重金属污染物的健康风险，筛选出需要优先管理的健康风险指标，指定区域公共应对措施，分配环境和健康风险管理资源和应急物资，优化区域健康风险管理信息系统。

（三）环境管理决策

基于定量化的重金属污染风险评估数据，综合评判日常监测获取的重金属污染风险，构建系统性、科学性的决策指标体系，将其提供给各管理主体，综合研判风险等级、预警范围和社会影响，进行科学环境管理决策。

在长江经济带重金属污染风险防范机制的实施过程中，特别是在制定重金属环境管理决策行动计划时要留有余地，备有替代方案。通过设置关键指标，并对风险指数进行评估，绘制城市生态地图，结合环境经济分析，绘制企业环境画像，实时分析数据舆情，可以辅助科学决策，减少决策失误。

（四）区域协同与监督执法

重金属污染风险防范与治理需要长江经济带各区域全面协调，统一政府、企业和公众之间的利益关系，借助环境技术和信息化技术加强中央政府、各区域和各级政府对重金属污染风险的监测和管理。我国现有环境管理制度具有双重管理特点，重金属污染环境综合治理要求进一步明确环境保护部门的职能，以及与其他职能部门之间的协调和沟通。行政性环境问题可在大区域设立跨省环境保护监管执法机构，使其能够有效地摆脱地方保护主义的干预。

环境综合执法是重金属污染风险防范的最后手段，是体现环境治理能力的重要指标，包括立案管理、预案管理、现场执法、联合执法和应急调度管理的核心环节。

（五）信息共享互通

构建长江经济带重金属污染风险信息共享和互通平台是确保重金属污染风险防范机制有效性的重要保障。当前普遍存在的业务专网给跨区域、跨部门的信息共享和互通构筑了信息屏障。摒弃"数据部门化，部门利益化"的错误观念，拆除部门利益藩篱，综合利用当前智慧城市的建设成果，用好人口信息资源库、企业信息资源库、土壤信息资源库、水质信息资源库、空间地理信息资源库等基础信息库，构建重金属污染风险信息共享和互通管理平台。

按照纵向贯通、横向联动的原则，形成覆盖区域政府、企业和公众的共享平台体系。建立跨地区、跨部门和跨层级的信息资源共享机制，对信息的性质、采集、归属、权益、存储、发布、共享、交换、安全等进行统一规范；制定以需求为导向的信息资源规划，完善各主体信息资源交换目录体系；引入多源碰撞验证机制，提高数据的完整性和权威性；满足社会公众查询使用，增强信息透明度。

二、技术路径

（一）污染源辨识、调查与分析

基于生态环境方法和信息化技术，对流域冶金、化工、重金属以及有色冶金企业的重金属排放种类和排放特点进行辨识和调查，并识别流域重金属排放的重点区域、重点行业，以及重金属种类和重金属污染风险，分析区域内重金属污源的空间分布特征。

（二）重金属污染的迁移规律研究

重金属不能被微生物降解，加上环境介质和颗粒的胶束吸附，成为环境中长期潜在的污染物，并随着介质的迁移而迁移，造成污染扩散。重金属与土壤化合物（氯化离子、硫酸离子、氢氧离子、腐蚀性物质）等形成络合物或螯合物，导致土壤中重金属的溶解度和迁移活动增加，土壤中的重金属在整个食物链中生物富集，重金属各种形态、活动和毒性、土壤 pH 值、颗粒和有机物含量以及其他条件都严重影响其在土壤中的迁移和转化。分析各环境载体中重金属浓度在时间和空间上的分布规律，为区域政府环境管理决策和预警提供科学预判依据。

（三）污染风险传导链分析

重金属污染源在发生突发性污染事件后进入环境载体，不断累积从而使得污染物浓度超标，污染物扩散至人类社会与自然环境系统，进而导致一系列更加严重的后果。重金属污染风险传导机制如图3-2所示。

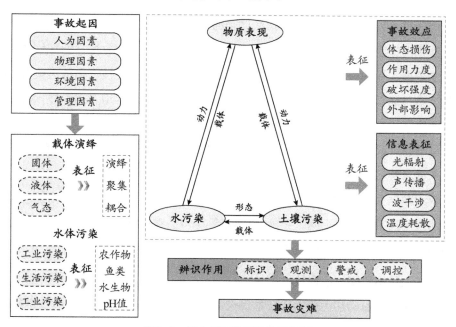

图3-2　重金属污染风险传导机制

风险源、风险传导载体、风险传导节点、风险传导信号、风险传导受害者为重金属环境污染事件风险传导链中的五大要素 [57]，结合区域重金属污染源逐一厘清风险因素。

（四）污染风险评估与可视化表达

依据中央和地方法律法规，结合地方特色，构建重金属污染风险评价指标体系，确定各指标权重，根据区域特点设定风险等级，通过对危险源调查与实验，进行重金属污染风险评估，得到风险评价定性和定量结果，基于此采取必要的安全措施加以解决，从危险源头上予以控制，从而达到安全生产目标。

在获得评估结果的基础上，利用信息学和图像处理技术，将评估数据转换成多元数据并传递给相关管理主体，进行交互处理，为环境管理决策和综合执法提供更直观的参考依据。

三、方法与手段

（一）环境信息化技术

信息技术发展为重金属污染风险防范带来新的手段，环境信息化技术结合信息科学和污染防治技术，为环保工作提供基础性、关键性的支撑，为环境决策提供科学依据，使政府和企业的污染防治能力得到提升，相关技术包括污染源自动检测技术，涵盖了自动化、计算机技术、网络通信技术；运用"3S"技术开发环境地理信息系统、流域水资源管理、环境污染应急预测预警系统等。

基于新一代移动互联网技术，综合感知水、空气、土壤、生态等各种环境要素，建设多源环境信息监测网络，促进重金属污染监测数据的公开性和透明度，提高环境管理数据共享能力 [58]。利用生物监测、物理监测、生态监测、卫星遥感监测和其他监测技术，建立空间 / 空气 / 土壤三维综合监测系统；大规模应用微型环境监测站、激光雷达、高清视频和其他新型监测设备提高监测的准确性。

（二）环境监测与治理技术

重金属环境监测和污染治理技术是构建重金属污染风险防范机制的技术基础，通过对重金属环境质量指标进行监视和测定，确定重金属污染状况和环境质量的高低。重金属污染监测的内容主要包括物理指标的监测、化学指标的监测和生态系统的监测。准确的重金属污染监测结果是环境管理决策和环境执法监督的基础。环境监测提供环境质量现状及变化趋势数据，判断环境质量，评价当前主要环境问题，为环境管理服务。

重金属污染环境治理与修复技术根据对象可以分为大气环境修复、水体环境修复、土壤环境修复及固体废物环境修复等几种类型。根据环境修复所采用的方法，环境修复技术可分为环境物理修复技术、环境化学修复技术及环境生物修复技术等，其中重金属环境生物修复技术已成为重金属环境污染治理技术的重要组成部分。

（三）经济手段

为了实现资源环境与经济可持续发展目标，通过税收政策调节市场主体行为，在一定程度上影响企业生产决策。环境税收政策涉及决策主体、政策目标、政策手段和彼此之间的内在联系、政策效果评价和信息反馈等内容。从2018年1月1日起，我国开始征收环境税，对直接向环境排放污染物的企业和机构征收环境税，并颁布了《中华人民共和国环境保护税法》和《中华人民共和国环境保护税法实施条例》，税收具有法律刚性，在限制企业污染控制行为方面可以发挥更好的作用。

运用环境污染责任保险分散企业生产运营风险，完善环境污染责任保险救济基金顶层设计，针对不同程度、不同种类的污染事件，建立若干层级的保险和救济基金，环境污染责任保险涉及公共利益，具有非常强的公益性，政府相关职能部门应当积极支持环境污染责任保险的发展。

（四）行政手段

仅仅依靠经济手段不足以有效保护生态环境，还必须充分利用政府的行政措施。主要包括直接财政拨款、财政补贴、污染排放费和行政罚款等。其中，直接财政拨款用于建设环境保护基础设施，并用于处理具有高度公益性质的重大环境问题；财政补贴通常以企业减少污染物排放的程度为基础，提供相应的财政或技术补贴；污染排放费和行政罚款是政府根据有关法律、条例和政策对污染环境的企业和个人征收的费用，目的是鼓励污染者加强管理，以节约和综合利用资源，控制污染和降低影响。

（五）法律手段

完善重金属环境法律法规是确保长江经济带重金属污染风险防范机制有效运转的根本之策，环境法律法规是各级人大机构制定和颁布的有关环境保护的规范性文件，是环境监督管理的制度化、法定化，包括政府对本辖区环境质量负责制度、环境影响评价制度、"三同时"制度、排污申报登记制度、排污许可证制度、排污收费制度、现场检查制度、限期治理制度、强制淘汰制度、公众参与制度、总量控制制度、行政代执行制度等。目的是对各行为主体加强管理，达到节约和综合利用资源，控制重金属污染的目的。

本章小结

根据长江经济带重金属污染现状调查及分析结果和国家生态环境保护的相关规定，提出了长江经济带重金属污染风险防范机制的基本内涵，确定了重金属污染风险防范机制的原则、特征、技术手段和行为主体，为后续重金属污染风险防范机制应用研究提供理论基础。

第四章 重金属污染源集成管理研究

目前，我国环境管理处于由污染总量控制向质量改善的重要阶段，并以许可证制度为控制污染源排放的主要手段 [71]，污染源数据是重要的基础环境数据，调查长江经济带各类重金属污染源基本情况，了解重金属污染源数量、结构和分布状况，掌握区域、流域、行业重金属污染物的产生、排放、处理和迁移规律，建立健全重点重金属污染源档案、污染源信息数据库和环境统计平台 [72]，为各主体加强重金属污染源集成管理、改善环境质量、防控环境风险、服务环境与发展综合决策提供依据。

第一节 重金属污染源调查

贯彻《中华人民共和国长江保护法》，需要落实河长制，加大整治污水偷排、直排、乱排等工作力度，严厉打击工矿企业废水超标排放、畜禽养殖污染、污水收集管网跑冒漏滴、污水处理设施运行不正常、船舶污水偷排直排等行为，开展污染源调查是改善长江生态环境质量的基础工作。

为了开展长江流域重点区域重金属污染源头分布及污染迁移规律研究，依托长江入河排污口排查整治系统 App 和国家水质自动综合监管平台、中国环境监测总站等环境监测平台，获取了相关区域工业废水排污口、生活废水排污口以及所有直接、间接排放的各类排污口数据。赴安庆铜矿、梅山铁矿、水口山铅锌矿、瑶岗仙钨矿等重金属污染排放重点企业实地调查，获取相关区域工业废水排污及间接排污数据。

第二节 重金属污染来源解析

准确检测出环境中重金属含量是调查与分析重金属污染来源的重要前提。在测定重金属含量时，首先需将固体样品进行消解，转变为液体溶液，重金属呈化合形态，便于检测重金属污染物含量 [73]。选择恰当的样品前处理消解方法，能够降低样品预处理引起的损失，减少由于干扰物带来的误差 [74]。主要的传统样品前处理方法有干灰化法、湿法消解法，近年来新增了微波消解法、压力罐消解法和基于湿法消解的全自动石墨消解法等 [75]。

本研究测量环境样品中的重金属元素浓度主要使用原子光谱法和质谱法，包括原子吸收光谱法、氢化物发生 - 原子荧光光谱法、电感耦合等离子体原子发射光谱法和电感耦合等离子体质谱法。

一、重金属污染排放量的核算

重金属污染物排放量是环境统计的主要结果，污染物排放是根据有关活动水平数据和监测数据按照某些规则计算的。在目前的长江生态环境管理中，与计算排放量有关的政策很多，计算排放量的具体方法也有差异 [76]。由于长江经济带涉重金属企业的实际情况大不相同，很难"一刀切"地给出最佳核算方法，必须根据各区域的具体情况选择 [77]。无论选择哪种核算方法，污染物排放量都必须按照核算方法的具体要求计算，本研究使用的核算方法可分为产排污系数法、物料流量成本会计法和实测法。

根据原国家环境保护局科技标准司编写的《工业污染物产生和排放系数手册》，污染产生系数是在正常技术经济和管理条件下，生产单位产品或产生污染活动的单位强度（如体积、密度、距离等）所产生的原始污染物的量。就污染控制设施而言，单一产品生产所排放的污染物数量就是污染物排放系数（简称"排污系数"）[78]。排污系数是指在上述条件下经污染控制措施消减后或未经消减直接排放到环境中的污染物的量。污染产生系数和排污系数与产品生产工艺、原材料规模、设备技术水平和污染控制措施有关。

污染物产生系数是以单位产品或单位活动产生的污染物数量来表示的污染物排放标准或清洁生产控制标准。研究中根据污染源与相应受纳水体之间的水质响应关系确定具体污染物排放标准或清洁生产控制标准，污染物产生系数可以现场验证污染源的排放，降低测试成本和人力投入，提高效率，还可以减少因即时或一次性测试而产生的误差，提高数据可靠性 [79-80]。

物料流量成本会计法是降低企业成本和减少环境污染的环境管理核算方法，也是专业管理人员和生产经理的决策支持工具。物料流量成本将材料分为两部分：原材料和能源消耗。为了更好地确认成本和衡量损失，物料流量成本会计法首先将不合格产品造成的损失成本、废物成本和其他排放成本分开[81]；其次，计算每一个生产过程中各种损失成本的金额，并将其换算成货币价值，可以直观体现废弃物的金额和比重。

实测法主要是用一个密闭的静态箱收集检查工业"三废"排放口扩散的特征废气、废水等废弃物排放物，然后用探测器检测特征废气、废水等废弃物排放物的浓度，最后计算出特征废气、废水和其他废物排放系数[82-83]。该方法仅适用于已投入生产的污染源，必须充分掌握采样的代表性，否则利用污染源的实际测量结果计算污染源排放量会有较大误差[78]。

本研究中产排污系数法、物料流量成本会计法和实测法三种方法相互校准和补充，以获得可靠的污染物排放核算结果。

二、重金属污染源解析

重金属污染源解析包括定性评估环境载体中主要重金属来源和定量计算各种污染源的贡献率[84-85]。

在重金属污染源识别上，本研究主要运用受体模型中的因子分析法、主成分分析法、聚类分析法、富集因子法、空间分析法等[86]；在重金属污染源解析层面，本研究主要运用源排放清单法、受体模型中的化学质量平衡法、混合方法、正定矩阵因子分解法、UNMIX 模型、同位素比值法和先进统计学算法中的随机森林、条件推断树、有限混合分布模型等[76, 87]。

三、土壤重金属污染源解析

土壤是自然生态系统的重要组成部分，是农业生产的重要物质基础，也是人类生存的重要基础资源。调查及分析土壤污染源是有效控制土壤污染、确保环境安全和农产品质量安全的重要先决条件，也是防控土壤污染风险的基本前提[88]。

随着社会和经济的迅速发展，高强度的工业和农业生产活动通过大气沉积和废水灌溉将重金属等各种污染物排入土壤，并持续在土壤中积累造成污染[89]。土壤中的重金属通常包括自然来源和人工来源。自然来源主要是源自土壤母质的材料，人工来源基于人类活动过程可分为农业来源（化肥、杀虫剂、灌溉用水等）、工业来源（采矿、冶炼、煤炭、运输等）和家庭来源（废水、交通、生活垃圾、煤炭等）[90]。不同来源的重金属以不同方式进入土壤，主要有受岩石风化形成的土壤母质、固体废物堆积、大气沉积、灌溉和径流以及肥料和杀虫剂[91]。

四、水环境重金属污染源解析

在自然条件下，水体中重金属含量普遍较低，进入工业革命后，通过农业、工业和家庭废水的排放，越来越多的重金属污染物进入水环境，导致地表水污染严重，对自然环境和人类健康造成威胁[59]。但因为水体流动性强，径流有季节性并不稳定，且水体中重金属含量在时间和空间上有较大差异，迁移率高，无法准确地反映出研究区污染情况；而进入水体的大多数重金属是吸附颗粒，最终沉淀在沉积物中。

长江各流域进入水体的大多数重金属最终会通过吸附、絮凝、络合和螯合等一系列物理和化学反应进入沉积物，仅在水生植物修复过程中根系泌氧会改变沉积物氧化还原电位，使沉积物重金属在吸附—解吸、氧化还原等反应下被释放到上层水界面，造成水质的"二次污染"[92]。因此，沉积物是水环境重金属污染的潜在来源之一，也是评估重金属污染的重要基础[65, 93]。与水体相比，沉积物相对稳定，其中重金属元素丰度高，监测容易，是环境评估的重要指标[94]。

重金属元素的生物毒性与生态环境中的迁移转化过程紧密相关，总量分析难以有效评估重金属的迁移特征及潜在危险，还需要进行重金属赋存状态和构成比例的研究。本研究主要运用 Tessier 提取法（五步连续提取法）、BCR 提取法、化学质量平衡法、同位素示踪法和多元统计法[55]。

第三节　重金属污染物迁移规律分析

一、重金属污染物迁移的机理分析

各种外部环境因素导致金属离子进入土壤的形状和数量完全不同。土壤中重金属污染物的迁移转化过程有物理、化学和生物过程三种，通过这三种过程，使土壤中重金属的时间和空间分布以及总量发生显著变化[70, 95]。

（一）物理过程

土壤中包括重金属在内的污染物质的物理迁移和转化过程是污染物在土壤中迁移的方式，而不会改变其化学性质和总量，包括对流、弥散、吸附和解吸过程。对流过程只将污染物从一个地方移到另一个地方[67]，对流是不改变土壤中重金属污染物的总质量和体积，只改变空间位置的运动。弥散不会改变土壤中重金属污染物的总量，而只会改变空间位置和扩大分布范围。吸附和解吸过程是土壤中液相与固相相互作用的过程，吸附过程将增加固体阶段重金属污染物的质量，减少液体阶段重金属污染物的质量，但总质量保持不变；解吸过程使得重金属污染物在固相上的质量减少、在液相上的质量增加。土壤中被土壤胶体吸附或包裹在土壤颗粒中的重金属离子可以被土壤中的水分流动机械地搬运到异地，土壤溶液中的重金属离子或其水溶性螯合剂也可随水相迁移到其他地方，如地表水或地下水等。

（二）化学过程

化学过程包括沉淀、溶解、氧化还原反应、离子交换等。化学过程大大改变了土壤系统中重金属的性质。一方面，一些重金属污染物被转化为其他污染物；另一方面，重金属污染物被转化为无害物质。化学过程可以发生在固相阶段之间，改变固体物质的成分和结构，也可以发生在液相阶段，改变物质的成分和类型[84]。此外，化学过程还可能改变固相和液相相互作用的过程，从而改变固相结构，如孔隙率、渗透性系数等，同时改变液相的流动性，影响重金属污染物在土壤中迁移的物理过程。

（三）生物过程

土壤中重金属污染物的生物迁移是土壤中的重金属被植物吸收后积累于植物体内的过程。土壤中的生物不仅可以吸收和固定现有重金属，还可以改变重金属的化学形态，从而导致重金属污染物的迁移和转化[79]。植物死亡后的残体在土壤表面腐败分解后，植物吸收的重金属又重新回到土壤环境中；在耕作区，植物在生长过程中可能会被人类和动物食用，造成植物中的重金属污染物迁移到其他地方；生物体的生长、繁衍和死亡过程将影响土壤的孔隙率和渗透率，从而影响重金属污染物迁移。

二、重金属污染物迁移的主导因素分析

（一）水体的理化性质

1. 分子吸附因素

当其他条件（土壤类型、pH 值、温度等）相近的情况时，水体污染物的浓度对吸附过程（即重金属积累过程）会产生很大的影响。高浓度的重金属污染物离子与水体表面接触的概率大，且与表面不饱和键的复合概率高。

此外，完成一级吸附（选择性吸附）与二级吸附（非选择性吸附、静电吸附）的土壤胶体表面上被吸附的重金属污染物离子，当其浓度相对于土壤水溶液较低时，会被土壤水溶液中其他同价位的高浓度重金属污染物离子所取代。

研究表明，浓度差驱动的扩散是物质组分从高浓度区向低浓度区的迁移，即分子扩散，只要流体中存在物质的浓度梯度，就会发生分子扩散[88]。重金属污染物的分子扩散通量与其浓度梯度之间为正比，扩散方向与浓度梯度的方向相反。

对于非饱和土壤来说，除分子扩散外，重金属污染物在土壤中的空间分散性还存在机械弥散作用，即微观尺度土壤孔隙流速和重金属污染物浓度与宏观尺度土壤孔隙流速和重金属污染物浓度的差值，导致土壤中重金属污染物的分异现象。

2. 水位变化因素

地表河流的水位在环境条件的影响下不断变化，可能导致重金属污染物扩散的差异。通过设计不同的水位高度，并以示踪剂为观察对象，水位的升高使物质弥散到达稳定峰值浓度的时间变短；在溶质投放浓度和流量不变的条件下，水位的升高使物质弥散的峰值含量变小；物质弥散离散程度随着离污染源距离的增加而增加。

3. 水势梯度因素

物质运动的自发趋势是从高能状态向低能状态运动。土壤水的能量状态表示周围环境对土壤水的影响，决定了土壤水是否能从一点移动到另一点。土壤水的能量（机械能）包括动能和势能。一般情况下，土壤中水的流速很小，几乎可以忽略不计，因此，土壤水的能量状态主要由势能来代替。当溶液在土壤系统中的流量增大时，流速会增大，对流会增大，重金属污染物浓度会被稀释降低。

（二）土壤的理化性状

1. 土壤 pH 值因素

在影响重金属污染物迁移和转化的所有因素中，土壤 pH 值最重要，因为土壤中重金属污染物的化学形态变化及其生物利用率主要受到土壤 pH 值和重金属溶解能力的影响。当土壤 pH 值下降时，土壤中吸附的正电荷增加，土壤中氢离子的吸附能力提高，从而将重金属释放到土壤中，增加生物利用率，提高迁移、转化和污染能力；当土壤 pH 值增加时，土壤中氢离子的吸附能力降低，重金属主要存在于氢氧化物或碳酸盐的结合状态，其生物效率降低，不利于它们在土壤中迁移和转化。因此，重金属污染的酸性土壤可以通过提高 pH 值减少生物利用率和重金属污染。

2. 土壤有机质因素

土壤有机质对重金属污染物的迁移能力有双重影响。一方面，土壤重金属元素很容易被有机功能组和有机物质分解后产生的小有机分子化合物和腐殖酸吸附，形成吸附能力较高的稳定化合物，吸收能力高于吸附土壤中的其他胶体；另一方面，有机物的完全分解会释放重金属，从而增加它们的活性。

3. 土壤氧化还原因素

氧化还原反应是表征土壤电学性质的一个重要因素，也是影响土壤中重金属元素存在的一个重要参数。一方面，土壤氧化还原效应将影响土壤中有机物的分解和转化效率，在氧化状态下，土壤中的有机物分解，重金属元素发生解吸反应，在还原状态下，土壤有机质积累，发生吸附反应，影响重金属状态的分布；另一方面，氧化还原反应直接影响土壤重金属污染物的迁移和转化及其溶解度。同时，氧化还原反应主要是元素电子的增益和损耗反应，重金属本身多为可变的价态元素，在化学反应中更易引起电子的得失，使土壤中的价态和形态发生变化，易于迁移转化。

4. 土壤吸附因素

土壤胶体作为土壤的重要组成部分，它通常由铁和铝氧化物、有机大分子、层状硅酸盐、细菌和病毒组成。承载着电负荷的土壤重金属元素一旦渗透到土壤中，就会被土壤胶体吸附，降低重金属的生物利用率及其在土壤中迁移和转化的能力。土壤胶体、土壤固体和土壤溶液都属于土壤介质，土壤中的重金属元素可以将其用作土壤中迁移和转化的载体。

土壤中胶体的存在使土壤成为吸附剂，土壤中重金属的吸附过程不仅是物理吸附，而且有电荷的得失和离子价态的变化。在土壤阳离子交换期间，重金属与土壤胶体吸附的 K^+、Na^+、Mg^{2+}、NH^{4+}、Al^{3+} 等离子发生等价交换，导致重金属固化，而大量存在 K^+、Na^+、Mg^{2+}、NH^{4+}、Al^{3+} 等阳离子的土壤溶液，又会活化吸附态的重金属，从而影响土壤中重金属污染物的迁移和转化。

5. 土壤容重因素

土壤容重对重金属污染扩散影响较大，土壤越疏松，容重越低，土壤越密实，容重越高。土壤容重与压实状况、土壤质地、土壤有机质含量、土壤颗粒密度和各种土壤管理措施有关。容重不同，重金属污染物的迁移速度和方向都不同。

（三）重金属间的理化性质

仅存在单一重金属的情况相对较少，在大多数情况下，若干重金属元素存在于伴随或共生状态。影响重金属元素迁移和转化的主要因素是重金属元素核心之外具有类似电子结构的元素以及具有类似化学性质的元素，其表现为拮抗作用和协同作用。

1. 拮抗作用

如果土壤中有大量元素，那么其中重金属微量元素的迁移和转化将会受到限制。影响机制主要表现为土壤胶体、土壤微生物、植物有选择地吸附和吸收金属元素，在土壤中添加其他重金属将极大地抑制植物吸收另一种重金属。一般而言，有益元素更容易被植物吸收和使用，当有益元素含量下降时，植物将吸收更多有害重金属元素，从而改变土壤中重金属元素的迁移和转化。

2. 协同作用

当重金属含量非常低时，若干土壤中重金属元素的迁移和转化在一定的浓度范围内随着重金属含量的增加而增加，该机制可能会使土壤中某些重金属元素的含量增加，破坏土壤中离子的平衡，从而导致重金属离子更活跃地迁移和转化[96]。土壤复合污染时，在重金属元素间的协同作用下，土壤中重金属元素的迁移和转化能力将随着重金属元素含量的增加而显著提高，从而实现每种金属的新平衡和稳定[97]。

三、重金属水环境迁移模型

污染物一旦进入水体，就会随着水流而迁移。在迁移期间受水文、生态、生物、物理、化学、气候等因素影响，导致污染物的运输、混合、稀释、分解和降解[98]。

为了研究重金属元素在水环境中的迁移特征，需要运用水质模型软件。水质模型是描述水体河流、湖泊等水质要素之间关系的数学表达式，反映出迁移过程随时间和空间的推移，受到物理、化学、生物等其他因素的影响，定量描述水环境中各种水质变量的迁移和转化规律及影响，是对各种因素之间相互关系的数学描述[99]。水质模型根据系统参数的空间分布特征分为一维、二维和三维模型。

（一）一维水动力及水质模型

描述河流网络水流量和水质变化的数学模型通常是河流网络的一维水动力及水质模型。可以为预防水灾害和保护水环境提供可靠的解决办法，为防洪、排水、灌溉、航运和河流系统地区的水污染防范提供技术基础。

（二）二维水动力及水质模型

针对较大的流域，地形和污染物排放具有复杂性。污染物通常在河流中分布广泛，数值计算面积较大。

在模拟沿岸排放污染物的浓度时，对于较浅的河段，污染物浓度沿水深均匀分布，可构建平均深度的二维平面模型，用于计算排放区的流场分布和污染物浓度。在宽阔的浅水河流中，污染物在垂直方向迅速扩散，并且几乎为均匀分布，采用深度平均模型计算污染物浓度分布，可以降低计算难度，满足技术精度要求。

在水流数值模拟中，常用有限差分法、有限元法、有限体积法等数值计算方法。有限差分法将微分方程中的每个微分项分隔为小矩形网格上每个相邻节点的差分尺寸，并将每个节点的函数值用作未知变量；有限元方法将求解区域分为若干任意形状、非重叠三角形、四边形等，对每个元素使用插值函数来执行插值，然后使用权重方法来离散微分方程并求解相应的代数方程系统；有限体积法扩展了河流的模拟方法，将求解区域分割为一个有限的矩形网格，并且所有4个相邻的网格形成一个单元，将微分方程线性到局部单位，并成为单位的边界单元近似函数，然后求解局部元素中的微分方程，从而建立单元中心与其周围8个节点之间的迭代关系。

（三）三维水动力及水质模型

针对水深较深的河段，由于污染物浓度分布不均，必须考虑建立三维水质模型进行模拟。水库、海湾和天然河流几乎不规则，大多处于复杂的三维湍流状态，地形复杂的三维水流形成的二次流动直接影响污染物运输的分布规律，难以用数学分析方法解决，尤其当流场和温度浓度场互为耦合时，情况更复杂。

第四节　湘江流域重金属污染源集成管理实例分析

一、研究区域概况

（一）研究区域

湘江流域位于北纬 24°31′~29°，东经 110°30′~114°，流域总面积为94 660 km²，其中在湖南境内为85 383 km²，占流域总面积的90.2%，湖南省湘江流域总面积占全省40.3%[100]。

湘江流域作为长江系统的主要支流之一，也是湖南省最大的河流，干流全长969 km（至濠河口为856 km），其发源于广西壮族自治区临川县海洋山，自南向北贯穿湖南省，流经湖南省内的永州市、衡阳市、株洲市、湘潭市、长沙市，自湘阴县入洞庭湖而汇入长江。自衡阳段以下称之为下游，至岳阳市的城陵矶全长为439 km。长株潭河段内的主要支流可分为流入株洲段右岸的吕水、长沙市城区内的浏阳河及捞刀河、湘潭境内左岸汇入的涟水、涓水及长沙市内望城区汇入的沩水等。

湘江流域水量丰富，流域内年平均降雨量为1 300~1 500 mm。径流受到降雨量的影响，全年差异很大，分布不均。统计结果显示，湘潭水电站的平均流速为2 110 m³/s，最高流速为20 600 m³/s，最低流速为100 m³/s，其中每年4—9月为汛期，旱季为10月至次年2月。全年水位变化很大，变化范围为9.5~13 m。湘江是典型的低沙河流，湘潭水电站多年平均悬浮沉积物含量为0.16 kg/m³。

研究区域主要包括湘江流域的长沙、株洲、湘潭段。

1. 地形地貌概况

湘江上游东安县至永州萍岛段为中低山地貌，该河段沿岸山峰陡峭、密林丛生、峡谷蜿蜒，山顶高达500~1 500 m（标高），河道较为顺直，河谷一般为V形，谷宽110~140 m，河床坡降为0.09%~0.045%，两岸零星发育Ⅰ级至Ⅳ级堆积或侵蚀基座阶地；中游河段为萍岛至衡阳市，呈低山—丘陵地貌，山顶高为100~500 m（标高），该河段河谷较为开阔，谷宽250~600 m，河床坡降0.029%~0.018%，两岸阶地发育不对称；下游河段为衡阳市至洞庭湖入口，两岸地形为丘陵-平原，河道蜿蜒曲折，河谷宽阔，谷宽500~1 000 m，河床坡降0.083%~0.045%，两岸阶地发育，地形平坦，呈典型的河流堆积地貌。

2. 地质结构概况

湘江流域地岩性主要表现为：新元古界埃迪卡拉系冷家溪群、板溪群变质岩；泥盆系、石炭系、二叠系、三叠系、侏罗系的灰岩、砂页岩、煤层；白垩系、古近系、新近系红色岩层及第四系河流冲积层等。湘江地层分布以祁东县归阳镇为界，上部大致分为泥盆系、石炭系、二叠系、三叠系、侏罗系的灰岩、砂页岩、煤层；其下为衡阳、株洲、湘潭红色盆地，河谷为白垩系、古近系、新近系红色岩层和第四系河流冲积层，其中零星有新元古界埃迪卡拉系冷家溪群、板溪群变质岩等地层。

3. 气象水文特征概况

湘江流水系统相对发达，支流众多。全省大小河流（河道长度大于5 km）2 157条，其中有3条支流的流域面积在10 000 km² 以上，有14条支流的流域面积介于1 000~10 000 km²。沿江两侧呈不对称的羽毛状分布，右岸面积为67 816 km²，占总流域面积的71.2%，且右岸有3条支流的流域面积均超过10 000 km²，分别为潇水、耒水和沫水；左岸流域面积为27 344 km²，仅占总流域面积的28.8%[101]，左岸有7条主要支流，流域面积超10 000 km²，其中最大为涟水，集水面积为7 155 km²。

永州萍岛以上称为上游，全长252 km，河段平均比降为0.61%，河床大多是岩石，多浅滩和湍急的水流。流量和水位波动大，是典型的山区河流，主要支流有灌河、紫溪河和石齐河。

从永州萍岛到衡阳市被称为中游，全长278 km，河流平均比降为0.013%。河床大多为卵石、礁石，有许多浅滩而水深较浅，这是丘陵地区河流的特点。其间有较大的支流潇水、春陵水、芦洪江（应水）、祁水、白水、归阳河、宜水、粟水等汇入。

衡阳市至濠河口段称为下游，全长326 km，河段平均比降为0.005%。河床多砂砾，掺有部分礁石，多浅滩水缓，流量较大，呈平原河流特性，其间有耒水、蒸水、沫水、涟水、靳江、浏阳河、捞刀河、汨罗江、新墙河等较大支流汇入。

4. 社会经济概况

根据行政区划，湘江流域由湖南省的郴州市、永州市、衡阳市、娄底市、株洲市、湘潭市、长沙市、岳阳市等8个地级市组成，共有60多个县（市、区）在其管辖范围内。湖南省经济发展以湘江为中心分布不均，区域经济发展不平衡。沿江城市发展形成了以湘江为导向的经济走廊。湖南省的采掘业和冶炼业也集中在湘江流域，各种金属采场分散在湘江两岸，已成为污染湘江流域生态环境的主要重金属源头。

湖南省的长沙市、株洲市、湘潭市、衡阳市、郴州市五城是全省行政、文化、教育、工业、商业等重要中心地区，五个城市的国内生产总值占该省国内生产总值的54.3%。长沙市不仅是该省的政治、经济和文化中心，也是湖南省的制造中心；株洲市是第一个五年计划期间建成的老工业基地之一；湘潭市是历史悠久的国家工业基地，同时又是伟人故乡，旅游业发展迅速；衡阳市是国家重点建设的老工业基地，也是湖南省重要矿产地之一；郴州市是全省乃至全国有名的"有色金属之乡"，形成了以矿业为支柱的工业基地。这些城市的经济、工业飞速发展，流域内的矿业特别是有色金属的开发冶炼，对湘江流域的水环境带来了巨大的副作用，水污染和重金属污染问题已成为制约湘江中下游地区发展的重要问题之一。

（二）研究河段的选取

湘江流域不仅是接收污水的水体，也是流域居民饮用水、工业用水和农业用水的重要来源。由于历史上工业结构的不合理与工业企业的分布不均，以及化工、冶炼等行业工艺水平的相对落后，在迅速发展湘江流域经济的同时也造成了许多环境问题，特别是在一些江段有害重金属的含量越来越高，已经超出水环境污染承受能力。湘江流域沉积物中富含镉、汞、砷、锌和铜等重金属，一些污水超过标准数百倍，其潜在危害和环境风险持续增加。此外，有毒和有害的重金属继续在河流沉积物中积累，当水体条件发生变化时，随底泥扰动再次悬浮或释放到水体中，向下游河段和洞庭湖输送，扩大了污染范围。

湘江流域作为"有色金属之乡"，拥有悠久的有色金属冶炼历史。污染水的重金属主要来自有色金属冶炼等行业，行业结构型污染特征明显，制约区域经济和社会发展，严重威胁到饮用水以及工业和农业的水源。调查发现，2016年湖南省汞、镉、铬、砷等重金属排放量分别达到了1.3 t、18.5 t、13.9 t、80.5 t，60%以上主要集中在湘江流域的衡阳、湘潭、株洲和长沙江段[102]。湘江经常发生水环境重金属污染导致的重大事故，例如2006年1月，株洲市清水塘工业区进行排污渠道清淤时，株洲冶炼厂违规排放含高浓度镉的废水，导致湘江湘潭段出现大面积镉超标；同年9月，岳阳浩源化工有限责任公司和临湘市桃矿化工有限责任公司将未处理的废水直接注入新墙河，导致含砷浓度高于国家标准千倍[103]。湘江流域水生环境重金属污染越来越严重，造成的影响也越来越具有破坏性和突发性。

根据湘江重金属污染情况，以长沙段、株洲段、湘潭段三个重金属超标江段为研究范围。其中长沙市是湖南省的制造中心，株洲市是我国的老工业基地，湘潭市是我国中部和南部的主要工业城市，三个城市都受到重金属污染的严重影响。其次长沙、株洲、湘潭三个城市组成的长株潭城市群也是湖南省城市化和经济发展的主要地区。

本研究数据监测点为株洲市朱亭镇断面到长沙市沩水入河口，全长为192.5 km，分为9段。

（三）重金属监测数据

排入长株潭段中的重金属以镉、铅、砷为主，湖南省水质监测站干支流省控制断面数据以镉、铅、砷等3种重金属数据为主。课题组收集整理了2019年1月至2019年12月湘江流域国控或省控断面的水质数据。

二、模型选择

（一）模型的比选

重金属迁移模拟算法和模型的选择应基于研究区的实际情况、算法特征和模拟目标等因素的综合考虑[104]。

WASP（water quality analysis simulation program，水质分析模拟程度）模型是水质的多功能模型[105]。不仅可以通过一维流体力学模块进行一维水质的概化模拟，而且还可以通过与其他流体动力学模型相结合来进行精细的水质模拟[106]。如果将没有完整数据的长河段用作研究对象，遥感数据可由地理信息系统工具处理，以获得概化模拟模型流体动力学模块所需的流体动力学参数[107]。湘江中下游段的研究范围比较长，测量数据不完整，水质监测站比较模糊，水质监测数据不足，使用概化模型进行相对水质模拟研究。

与其他模型相比，QUAL 模型功能强大，但仅适用于混合良好的一维水体；MIKE 模型可模拟多种不同水动力学要素，但未公开其原始码 [108]；QUASAR 模型计算简单实用，但对数据信息输入量要求高；SMS（surface water modeling system，表面水建模系统）模型精度高且易于使用，但只能用于模拟水动力学要素；CE-QUAL 模型对于狭长的湖泊及分层水库效果极佳；WASP 模型具有较高的适用性，源代码是自由开放的，具有强大的功能 [109-110]，因此，本研究选用 WASP 模型进行分析。

（二）WASP 模型的原理

1. 基本方程

WASP 模型的基本方程为平移—扩散质量迁移方程，可描述任一水质指标的时空变化 [111]。在方程中除了平移和扩散项，还存在因生物、化学和物理作用引起的源汇项。对于无限小的水体，污染物浓度 C 的质量平衡式为：

$$\frac{\partial C}{\partial t} = -\frac{\partial}{\partial x}(U_x C) - \frac{\partial}{\partial y}(U_y C) - \frac{\partial}{\partial z}(U_z C) + \frac{\partial}{\partial x}\left(E_x \frac{\partial C}{\partial x}\right) + \\ \frac{\partial}{\partial y}\left(E_y \frac{\partial C}{\partial y}\right) + \frac{\partial}{\partial z}\left(E_z \frac{\partial C}{\partial z}\right) + S_L + S_B + S_K \tag{4-1}$$

式中，t 为时间，单位为 s；U_x、U_y、U_z 为水体三个方向的流速，单位为 m/s；E_x、E_y、E_z 为水体三个方向的扩散系数，单位为 m²/s；C 为污染物浓度，单位为 mg/L；S_L 为点源和非点源污染，单位为 g/(m³·d)；S_B 为边界污染物浓度，单位为 g/(m³·d)；S_K 为动力转换项，单位为 g/(m³·d)。

2. TOXI 模块

TOXI 模块主要用来模拟有毒污染物和金属离子，最多可模拟三个指标，如有机化合物、有毒化合物和金属等 [112-113]。指标之间可以彼此独立，也可以相互关联。该模块模拟的污染物在河流中的迁移转化比常规指标更为复杂，不仅受到水流因素的影响，而且还受到污染物的物理和化学特性的影响 [114-115]。不仅考虑了吸附、转化和挥发等过程，还考虑了光解、生物降解、水解（酸性水解、中性水解、碱性水解）、氧化反应及其他化学反应等，这些化学反应转化过程包括吸附于悬浮物和沉积物后向固相迁移的过程、底部沉积物中已吸附的重金属污染物向间隙水中释放又重新进入水体的过程、水体中吸附重金属污染物的悬浮物向底层沉降的过程、水生生物对重金属污染物的吸收或吸附过程、水体中已有物质与重金属污染物发生化学反应的转化过程等。吸附作为一种均衡反应来处理，用一级速率系数指定简化的转换过程。具体见表4-1。

表4-1 TOXI模块内部过程

内部过程	内 容
动力过程	吸附、转化和挥发
转化过程	光解、生物降解、水解、氧化反应及其他化学反应
吸附过程	DOC（溶解有机碳）吸附、固体吸附
挥发过程	较复杂，与气象条件等有关

综上所述，该模块考虑了对流和扩散的影响、悬浮物质和底泥对溶解重金属的吸附、底泥对水中重金属的分析影响以及悬浮物质的沉积和再悬浮、重金属迁移转化过程的影响，全面客观地描述了水体中重金属的变化过程，从理论上满足了研究湘江长株潭段重金属水质模拟的要求，表明 WASP 模型适合用于研究该河段。

三、实验过程

（一）WASP 模型系统参数设置

WASP7.5模型的主界面如图4-1所示，包括了输入模块、参数模块以及后处理模块等。其工具栏选项的具体功能介绍如表4-2所示。

图4-1 模型操作界面

表4-2　模型功能

英文名称	中文名称	功能说明
New	新建	创建一个后缀名为模型的输入文件
Open	打开	打开一个已有的后缀名为模型的输入文件
Save	保存	保存后缀名为模型的输入文件
Execute	执行	模型运行
Data Set	基础数据设置	设置模型的基础参数，如模型描述、类型选择、模拟区间与时间步长设置，水动力学参数设置或点源数据链接、非点源数据链接以及模型方程选择等
Print Interval	输出间隔	设置模拟结果的输出时间间隔
Segments	块或段	输入或设置模型"块"或"段"的相关信息，如"块"的环境参数、初始浓度和扩散系数
Systems	系统	定义模型系统特定的状态变量
Parameter	参数	设定模拟过程所需考虑的参数和比例因子
Constant	常量	确定与模拟水质指标相关的模型常数及动力学参数
Loads	污染负荷	定义与设置区域内各污染源的污染负荷值
Time Function	时间函数	定义模型环境变量相关信息
Exchange	交换扩散	设定模块"块"或"段"之间的物质交换
Flows	流量	设定模型边界处的流量数据

（二）WASP模型参数操作分析

WASP7.5模型中在输入数据选项可以设定传输数据。为了更明确的输入数据，将数据分为四大类：环境参数、转化参数、传输参数及边界参数。

（1）环境参数，包含模型的时间和步长，以及控制体信息，即基本信息、参数信息、初始浓度、溶解比例等；

（2）转化参数，随空间变化的参数、常数及动力学函数等；

（3）传输参数，包括控制体间网络的连接结构、流量、交换域的数量、离散系数、交换断面面积、特征混合长度等；

（4）边界参数，即边界条件和污染负荷等。

输入文件，模型运行后可以生成两种格式的文件，"*.HYD"和"*.NPS"，用户可以根据需要进行选取。

1. 模型系统信息

打开WASP7.5模型，选择Data Set选项，如图4-2界面所示。

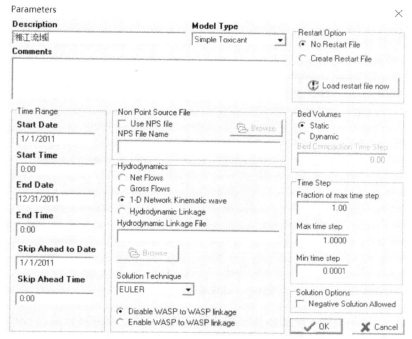

图4-2　WASP7.5模型系统信息初始设置

在模型的基础信息界面，可以设置基础信息和条件：

（1）描述和解释研究对象的模拟；

（2）选择模型的类型，通常使用 EUTRO（富营养化）模块和 TOXI（有毒物质）模块；

（3）设置模型模拟开始和结束时间；

（4）可输入研究对象的非点源数据；

（5）水动力学模型通常使用一维网格动力学模型；

（6）通常采用欧拉方程求解；

（7）根据需要设定适当的时间间隔。

设置基础信息时，污染物的状态、密度、边界条件的比例因子和最大浓度等，都能设定。

2. 控制体数据

WASP 模型中将控制体称为区块或区段。本模块中均定义了污染物的初始浓度、水体中污染物的溶解度系数以及水体泛化后控制机构的相关参数。

（1）段块的基本信息：分段后每段块的长、宽、深度、流量、坡度、糙率等，如图4-3界面所示。

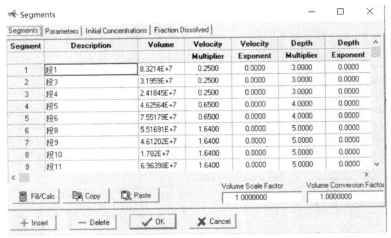

图4-3　段块基本信息设置

（2）段块的参数：一般包括时间函数、底部高程、底泥需氧量、太阳辐射强度、BOD5（biochemical oxygen demand，生化需氧量）的降解率等，如图4-4界面所示。

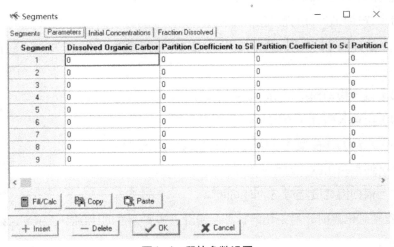

图4-4　段块参数设置

（3）水质的初始浓度：每个段块的各污染物的初始浓度，如图4-5界面所示。

（4）溶解系数：在各段块中污染物的溶解比率，一般默认为1，如图4-6界面所示。

图4-5 初始浓度设置

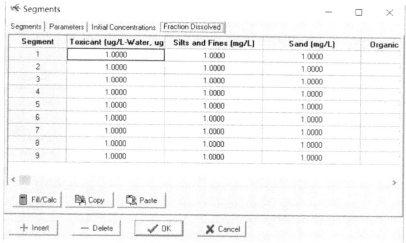

图4-6 溶解系数设置

3. 模型的参数

在 WASP 模型中，模型参数中每种污染物的特性不会随时间改变，而是随空间变化。模型常数指水质特性的系数，其不会随时空的变化而变化。

常用参数和常数包括：温度函数比例因子、底泥需氧量比例因子、底泥氮磷通量比例因子、BOD5降解率及其温度校正系数、水底高程校正系数、氨氮降解率及其温度校正系数、复氧系数等[116]。

如图4-7、图4-8界面所示。

图4-7　模型参数设置

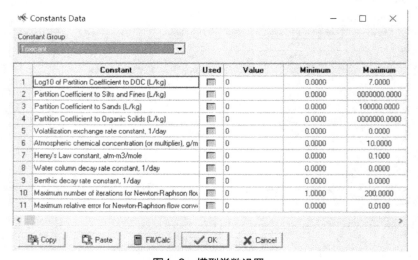

图4-8　模型常数设置

4. 离散交换参数

在 WASP 模型中重点考虑水流的离散交换，在研究有毒物质时，交换数量范围定为1[117]；在考虑沉积物中有毒物质的交换时，交换范围定为2[75]。

离散交换参数主要包括：段与段之间交换时概化后的段的面积、段与段之间交换时段的长度、交换段的起点和终点、离散系数（单位 m/s）等，如图4-9界面所示。

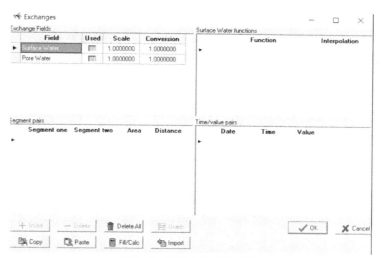

图4-9 离散交换参数设置

5. 流量

流量输入类似于离散交换，输入流量数据可以依据河段类型来选择流场类型，可以在每个流量字段中定义不同的流量函数，最后输入数据，包括日期、时间和流量（单位是 m³/s），如图4-10界面所示。

图4-10 流量参数设置

6. 污染负荷与边界条件

污染负荷指研究对象水体中每一部分所含的污染负荷，单位为 kg/d。

　　在构建模型时，输入污染负荷时必须考虑转化系数 [118]。转化系数的大小决定污染负荷的增加或减少。转换系数设置为2，代表该段的污染负荷加倍，如图4-11、图4-12、图4-13界面所示。

图4-11　污染负荷参数设置

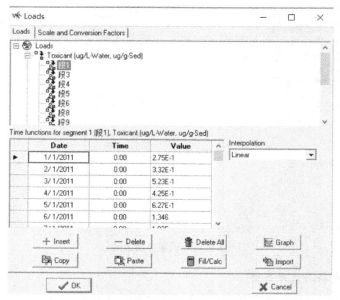

图4-12　重金属污染负荷参数设置

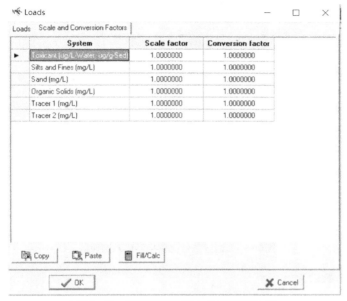

图4-13 污染荷载比例与转化系数设置

要设置边界条件，首先输入流量数据。流量输入决定水流的输送方式，系统自动识别边界区段[119]。如图4-14、图4-15界面所示。

图4-14 边界条件参数设置

图4-15　边界条件比例与转化系数设置

7. 时间函数设置

时间函数是研究对象根据时间的变化而变化的特征属性。模型中的主要时间函数包括：水温函数、流速函数、宽限函数、水消光函数、太阳辐射强度函数，如图4-16界面所示。

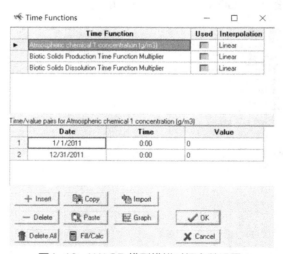

图4-16　WASP 模型模拟时间参数设置

8. 系统模拟

在 WASP7.5模型中，研究对象的所有数据输入完后就可以开始模拟，模拟后数据和结果输出到指定的文件夹中。

在模型执行过程中，部分参数或者常数模型会按照默认值进行模拟。执行过程中模型会自动检验，窗口会显示各河段在各时间段的模拟结果，如图4-17界面所示。

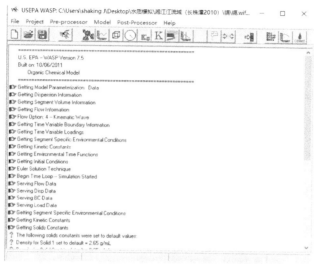

图4-17　模型执行过程

四、结果输出及分析

（一）砷、铅、镉浓度时间分异特征

砷、铅、镉各断面浓度会随时间变化，模拟结果如图4-18至图4-20所示。

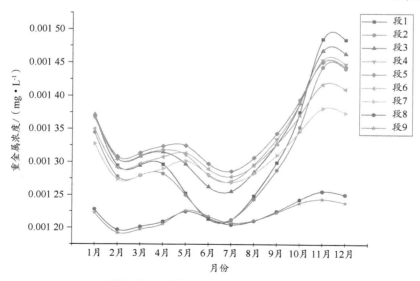

图4-18　各断面砷浓度随时间的变化趋势

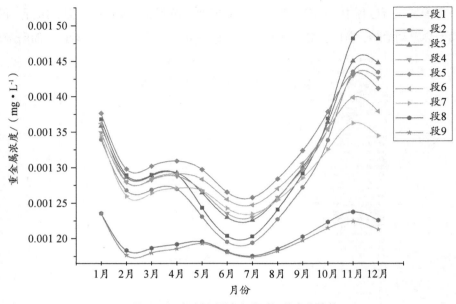

图4-19 各断面镉浓度随时间的变化趋势

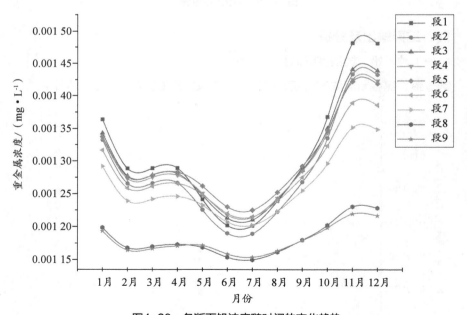

图4-20 各断面铅浓度随时间的变化趋势

镉、铅、砷浓度的模拟值在各断面随时间变化趋势，如下图4-21至图4-29所示。

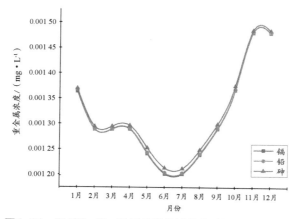

图4-21　段1镉、铅、砷浓度的模拟值随时间的变化趋势

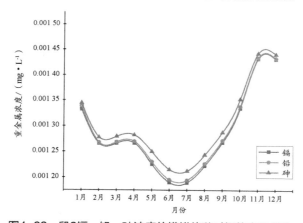

图4-22　段2镉、铅、砷浓度的模拟值随时间的变化趋势

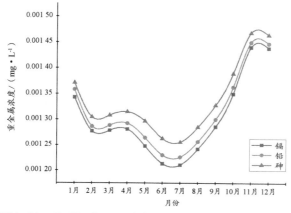

图4-23　段3镉、铅、砷浓度的模拟值随时间的变化趋势

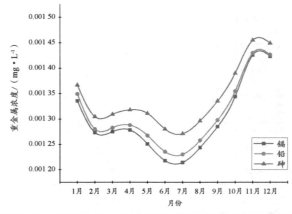

图4-24　段4镉、铅、砷浓度的模拟值随时间的变化趋势

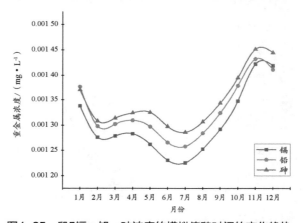

图4-25　段5镉、铅、砷浓度的模拟值随时间的变化趋势

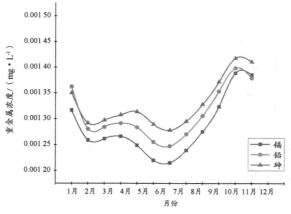

图4-26　段6镉、铅、砷浓度的模拟值随时间的变化趋势

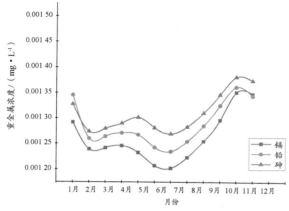

图4-27　段7镉、铅、砷浓度的模拟值随时间的变化趋势

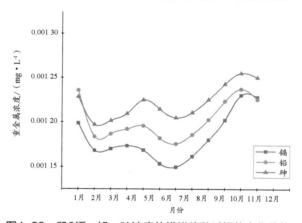

图4-28　段8镉、铅、砷浓度的模拟值随时间的变化趋势

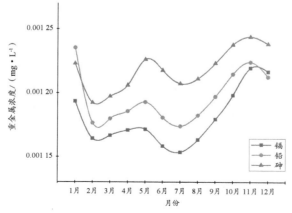

图4-29　段9镉、铅、砷浓度的模拟值随时间的变化趋势

分析上述模拟结果，得出以下结论：

（1）湘江长株潭段中镉、铅、砷三种重金属存在共生关系。三种重金属随时间变化趋势相似，其浓度平均值由大到小顺序为砷＞铅＞镉。不同水期（枯水期、丰水期）镉、铅、砷重金属浓度变化特征相似，均在丰水期7月达到最低值，随后浓度逐渐上升，至枯水期12月达到最高值后呈波动形逐渐下降。

（2）三种重金属在各河流段随时间波动幅度不同。湘江河段的总铬浓度从上游到下游变化趋势是逐渐降低的，变化范围在0.023 ~ 0.048 ug/L 之间。上游地区波动变化频繁且幅度较大，重金属砷、镉、铅的浓度最高值均在11月的段1河流段，且上游地区的重金属年内浓度相差值较大，中游地区浓度波动变化相对较小，而下游地区重金属浓度随时间变化波动较平稳。重金属砷、镉、铅的浓度最低值均在7月的段8河流段，下游中段8和段9河流段年内浓度相差值达到最低。

（3）湘江长株潭段中镉、铅、砷的时间分布。由模拟结果表明，基本上重金属浓度与流量的分布成反比，即流量较高的月份，河道中重金属浓度较低，流量较低的月份，河道中重金属浓度较高。4月至8月降水较多，河流流量大，污染物稀释，浓度较低。而1月、11月和12月，河流量相对较低，污染物不能随水流扩散，同时11月、12月温度较低，污染物的生化反应速度降低，污染物不断在河道内累积，提高河道中污染物浓度。

（二）镉、铅、砷空间耦合分析

采用 ArcGIS 10.2软件，选取反距离权重法（inverse distance weight，IDW）确定性方法，进行样本数据的空间插值绘制与计算。

1. 镉浓度空间分析

在《地表水环境质量标准》（GB 3838—2002）中Ⅰ类水质中镉浓度的标准限值是 1 μg/L，Ⅱ、Ⅲ、Ⅳ类水质中镉浓度的标准限值是5 μg/L，Ⅴ类水质中镉浓度的标准限值是 10 μg/L。本研究总镉浓度值远低于Ⅰ类水质中10 μg/L 的标准限值。

镉年均重金属浓度由上游到下游逐渐减少，随后经过中游地区，重金属含量下降，主要原因是河流流量逐渐增加，河道扩大，污染物随水流迅速扩散；最后经过下游地区，重金属浓度减少趋势愈加明显，在下游区域河流段9达到最低值，主要原因是途径省会城市长沙市，第三产业服务业发达，而服务业具有污染排放少等特点。与枯水期相比，总镉浓度值相对比较低，枯水期波动幅度高于丰水期。

重金属含量下降，主要原因是河流流量逐渐增加，河道扩大，污染物随水流迅速扩散。

2. 砷浓度空间分析

在《地表水环境质量标准》（GB 3838—2002）中Ⅰ、Ⅱ、Ⅲ类水质中砷浓度的限值都是50 μg/L，Ⅳ、Ⅴ类水质砷浓度的标准限值为100 μg/L。湘江江河段砷浓度的变化趋势是逐渐升高的，但变化幅度不大，基本在2 μg/L 左右波动，远小于50 μg/L，可达到Ⅰ类水质对于砷浓度的要求。

枯水期时的砷浓度略高于雨季砷浓度的预测值。在雨季，中层水的砷浓度略高于上游地区。在旱季，在枯水期，上游区段高浓度集聚明显，污染物的空间分布主要与城市和沿海产业的分布有关，流经清水塘工业区、竹埠港工业园等多个工业区，12月是枯水期，降水较少河流流量小，如工业污染等面源污染进入河道难以稀释也会增加河道污染量。

3. 铅浓度空间分析

在《地表水环境质量标准》（GB 3838—2002）中Ⅰ、Ⅱ类水质中铅浓度的标准限值是10 μg/L，Ⅲ、Ⅳ类水质铅的标准限值为50 μg/L，Ⅴ类水质铅的标准限值为100 μg/L。7月丰水期和12月枯水期，铅重金属浓度均远低于Ⅰ类水质铅浓度的标准限值 10 μg/L，各河段的铅浓度均是枯水期均高于丰水期。

在枯水期，工业废水排放是重金属的主要来源，铅浓度最高的区域集中于上中游区域，主要原因是上游经过清水塘工业区、竹埠港工业园等地区的多个工业场所，产生大量的含铅废水，湘江作为主要的纳污水体，过量的铅进入到湘江，再加上枯水期流量相对较小，因此该段的铅浓度在研究区段中最高。而丰水期，由于水量大，河水稀释了排入河流的铅，所以总体浓度低于枯水期。此外，下游区段不仅接纳来自上游的泥沙，还接受两岸的土壤，这些土壤含有大量的铅，再加上工业污水，因此中游区段的铅浓度预测值高于上游区段。

五、污染源集成管理启示

从关键污染物看，重金属污染是湘江流域环境污染的主要原因，镉、铅、砷是主要的重金属污染物，且存在共生关系。

从重金属污染源分布看，重金属污染源分布于沿岸的重点涉重金属企业，包括郴州柿竹园矿业、衡阳水口山矿业以及株洲市和湘潭市地区的大型冶炼企业。土壤中重金属污染的直接来源为人类活动，湘江流域土壤中重金属污染最严重的地方往往也是人类活动密集的区域。

从污染途径看，主要是工业和采矿生产、农业生产、污水灌溉、废物排放、运输、大气沉降等。按空间分布方式分为点源、线源和面源三种模式。点源污染主要是湘江沿线各企业排污口、垃圾填埋场和工厂烟囱等；线源污染主要是交通线路和受污染的河流；面源污染主要是污水灌溉、大气沉降、农药及化肥施用等。点源污染可以通过水和大气中的扩散转化成线源污染和面源污染，例如通过污水排入河流、烟囱排出气体扩散成面源；同样线源通过扩散也可以转化成面源，例如废气的扩散或废水向湘江排放。由于大气沉降等面源污染普遍存在，因此整个湘江流域土壤重金属污染都为复合型污染，只是不同的重金属污染源所占比例不同。

从污染迁移方式看，重金属污染扩散有三个途径：机械迁移、物理化学迁移、生物迁移，主要是机械和物理化学迁移，随着湘江水流从南向北迁移，季节变化特征明显。

从空间上看，湘江流域的重金属污染表现出空间连续性，污染源分布主要集中于湘江流域的上游和中游，而中上游有色金属矿山、冶炼企业比较多。排放到环境中的镉、铅等重金属具有典型的水系迁移特征，水动力减弱的平缓地带易沉积，且从上游往下游土壤污染强度具有逐渐降低的梯度分布特征；在垂向方向上，紧邻土壤表层的重金属分布相对较多、含量较高；在河床横断面上，土壤污染强度亦表现出梯度特征，即河漫滩＞一级阶地＞二级阶地＞岗坡，在微地形上，地势越低含量越高。

从城乡差别看，湘江流域城市土壤中的重金属含量普遍高于郊区土壤中的重金属含量，而郊区土壤中的重金属含量普遍高于农村地区土壤中的重金属含量，这种污染具有明显的人类活动富集特征。不同功能区的城市土壤重金属含量呈现出工业区＞城市区＞旅游区＞开发区。农业土地上重金属污染的空间分布与污染源的区域分布相对应，例如中心城区、城镇工业区和采矿活动区，污染程度随着与污染源距离的增加向外呈扇形递减。土壤重金属污染空间分异呈点状分布的是工业污染源，线状分布的主要为交通线路、河流、沟渠等污染源，面状分布的主要为农业用地。在水平方向上土壤重金属污染的空间分异主要受人类活动的历史和强度、与污染源的距离、土地利用方式等因素影响。

　　总之，人类活动导致重金属含量明显高于初始土壤含量，导致诸如土壤退化、生态环境恶化和粮食安全等现象。但重金属的迁移受到气候、生物体、原材料、地形、土壤形成时间和许多因素的影响，空间分异特征随着时间和空间的变化呈现出复杂性和可变性，一般而言，垂直方向土壤重金属含量呈下降趋势，但也有研究观察到不同甚至相反的结果，这反映了影响重金属垂直分布特征的多样性和复杂性。因此，每个区域的重金属污染迁移规律需要从区域重金属的形态变化、迁移环境、载体的物理和化学特性角度进行有针对性的研究。区域重金属污染源和外部环境的复杂性要求污染源集成管理坚持"一地一策"的原则，确保管理方法的科学合理性。

本章小结

　　本章主要开展了长江经济带重点区域重金属污染源调查，确定了区域重金属污染核算方式；进行了长江流域重金属迁移的主导因素分析；基于课题组调研获取的水质数据确定了区域重金属迁移规律模拟模型。以湖南省湘江流域长株潭段为研究样本，运用 WASP 模型软件，构建湘江流域水质模型，得到了区域砷、铅、镉浓度时间分异特征和空间耦合关系；揭示了该区域重金属污染迁移规律，为有效管控污染源提供决策依据。该方法可为长江经济带其他区域重金属污染源集成管理提供参考。

第五章　重金属污染风险评估方法及应用研究

建立科学的风险评估指标体系是评估长江经济带重金属污染风险的前提条件，重金属风险识别过程涉及多学科、多因素、多主体。构建科学化、标准化、系统化、规范化的评估指标体系，确定合理的权重指标是长江经济带重金属污染风险评价工作的基础，准确严谨的评价结果为各类风险防范主体科学决策提供数据。

第一节　重金属污染风险评估

一、重金属污染风险评估背景

构建重金属污染风险评估是重金属污染风险防范的重要基础和组成部分。重金属污染具有隐蔽性、滞后性、累积性等特点，且来源广泛，可通过土壤、空气、水等介质及食物链对人体健康产生毒性[120]。因此，进行风险评价、评估等工作，确定环境风险水平，衡量不同区域的重金属污染风险程度，构建有效、实用的重金属污染风险评估体系具有重要现实意义。

（一）重金属污染风险评估的发展

国外重金属污染风险评估技术由来已久，20世纪70年代以来，美国法案有《综合环境响应、补偿和责任法案》（CERCLA）和《超基金修正与再授权法》（SARA），欧洲法案有《废弃电气电子设备指令》（WEEE 指令）和《禁止在电气电子设备中使用特定有害物质的指令》（RoHS 指令）。国外对重金属污染风险防范技术过程的研究，分为危害识别、暴露评估、剂量—效应评估、风险表征分析四个步骤[121]。

与国外重金属污染风险评估技术的研究和应用相比，我国的相关研究起步较晚，但现有研究取得了良好成果。风险评估已从最初的监测演变为确定污染物浓度和分布特征，并逐渐转变为基于具体模型和方法的风险定性和定量评估。目前，通常采用的风险评估方法包括研究和总结发达国家的风险评估方法，并利用其风险评估模型和相关参数进行模拟计算，以定量描述环境风险，并最终将环境风险与土壤中污染物的绝对浓度、毒性参数以及各种暴露途径的相关参数直接关联起来 [122-123]。

自2003年来，我国逐渐重视对健康风险评估的研究。环保部会同相关部门对全国28个省在2014年度实施《重金属污染综合防治"十二五"规划》情况进行了考核，并对风险筛选值进行若干次修改，目前已经形成了较为完善的"调查 - 监测 - 筛选 - 评估 - 修复"技术规范体系。

（二）重金属污染风险评估的原则

为了建立更可靠的重金属污染风险评估指数体系，指标的选取要遵循科学性、协调性、系统性、代表性、可行性、定量与定性相结合性的基本原则 [67]。

1. 科学性

每项评价指标的含义必须明确，指标调整必须科学，有关指标的必要信息易于获取，所需的计算方法易于使用，能够客观、真实地反映系统的内涵。

2. 协调性

重金属污染受到许多因素的影响。在选择指标的过程中，须特别注意协调性 [124]，即每个子系统可以通过若干具体指标加以扩展，而且这些指标之间存在层次结构，指标之间有一定程度的相关性，选定的指标必须反映单项影响和综合影响、部分影响和整体影响、微观影响和宏观影响。

3. 系统性

重金属污染风险评估指标体系是一个复杂的多属性系统。因此，选取的影响因素必须能够完整描述多重属性的特性，建立的指标体系必须尽可能全面和系统地反映评价目标的总体情况 [125]。与此同时，还需要在指标之间建立某种逻辑关系，以确保评价结果不被扭曲，指标体系成为一个有机整体。

4. 代表性

重金属污染风险来自多方面，各区域指标体系建立需要对指标筛选整理，选取代表性较强的典型指标，减少指标与指标间的重复性，能多元化地反映重金属污染风险程度。

5. 可行性

在实施任何评估计划之前，指标体系中的每个指标都必须是可操作的。能收集到准确的数据，选定的指标必须简单、易于解释和量化，元数据计算不会从相对模糊的定义中选择度量[126]。

6. 定量与定性相结合性

目前，重金属污染风险等级仍处于定性评估阶段。如何量化重金属污染风险评估指标一直是科学研究的一个主要挑战。因此，在选择影响评估重金属污染风险水平的因素时，应注意数量和质量相结合的原则，尽量选择可计量的指标，对较难量化的指标采用科学合理的处理方法。

二、重金属污染风险评估方法

评估长江经济带重金属污染风险，主要包括重金属生态风险评估与重金属污染健康风险评估。本研究运用的重金属生态风险评估方法主要有单因子指数法、内梅罗综合污染指数法、潜在生态危害指数法。

（一）重金属污染生态风险评估方法

1. 单因子指数法

单因子指数法是经典的重金属污染评价方法，其评价公式为：

$$P_i = \frac{C_i}{S_i} \tag{5-1}$$

式中，P_i 为土壤中污染元素 i 的污染指数；C_i 为土壤中污染元素 i 的浓度实测值（mg/kg）；S_i 为土壤中污染元素 i 的评价标准值（mg/kg）。单项污染指数 $P_i \leqslant 1$ 为未污染，$P_i > 1$ 为污染。

2. 内梅罗综合污染指数法

内梅罗综合污染指数法（I_p）是目前应用较多的一种环境质量指数法，由美国科学家内梅罗于1974年提出[127]，内梅罗综合污染指数法能够反映水体不同重金属污染现状及其对复合污染的贡献，是一种突出极值的环境质量指数法。其计算公式为：

$$I_{p} = \sqrt{\frac{\left(I_{\max}^{i}\right)^{2} + \left(i\right)^{2}}{2}} \qquad （5-2）$$

$$\overline{I} = \frac{1}{n}\sum_{i=1}^{n} I_{i} \qquad （5-3）$$

$$I_{i} = \frac{C_{i}}{C_{oi}} \qquad （5-4）$$

式中：I_{p} 为内梅罗污染指数；$I_{\max}^{i}$ 为所有评价重金属元素中污染指数的最大值；$\overline{I}$ 为所有评价重金属元素中污染指数的平均值；n 为重金属元素数量；I_{i} 为第 i 评价重金属元素污染指数；C_{i} 为第 i 评价重金属元素的实测值；C_{oi} 为第 i 评价重金属元素水质的标准值。内梅罗综合污染指数法的评价标准如表5-1。

表5-1　内梅罗综合污染指数法评价标准

重金属元素污染指数	内梅罗污染指数	污染程度
$I_{i} \leqslant 1$	$I_{p} \leqslant 0.7$	无污染
$1 < I_{i} \leqslant 2$	$0.7 < I_{p} \leqslant 1$	低污染
$2 < I_{i} \leqslant 3$	$0.7 < I_{p} \leqslant 1$	中度污染
$I_{i} > 3$	$0.7 < I_{p} \leqslant 1$	强污染

3. 潜在生态危害指数法

潜在生态危害指数由瑞典学者 L. Hakanson 提出。该方法综合考虑了重金属的特性、生态效应、环境效应和毒理学水平，采用可比和等价属性指数分级评价。潜在生态危害指数的计算公式如下：

$$I_{PERI} = \sum_{i=1}^{n} E_{r}^{i} \qquad （5-5）$$

$$E_{r}^{i} = \sum_{i=1}^{n} T_{r}^{i} C_{r}^{i} \qquad （5-6）$$

$$C_{r}^{i} = \frac{C_{o}^{i}}{B_{n}^{i}} \qquad （5-7）$$

式中，I_{PERI} 为潜在生态危害指数；E_{r}^{i} 为重金属元素 i 的潜在生态危害单项系数；T_{r}^{i} 为重金属元素 i 的毒性响应因子；C_{r}^{i} 为重金属元素 i 的单项污染系数；C_{o}^{i} 为重金属元素 i 的实测浓度；B_{n}^{i} 为重金属元素 i 的环境背景值。目前，在研究评估土壤或沉积物中重金属污染状况的潜在环境风险指数方法时，有不同的参考值备选办法，通常是当地土壤重金属背景值、国家土壤环境质量标准和全球沉积物中重

金属的平均背景值 [128]。

重金属污染的潜在生态危害指数法分级标准见表5-2。

表5-2　潜在生态危害指数法分级标准

潜在生态危害单项系数	生态危害等级	潜在生态危害指数	生态危害等级
$E_r^i < 40$	低	$I_{PERI} < 110$	低
$40 \leq E_r^i < 80$	中等	$110 \leq I_{PERI} < 220$	中等
$80 \leq E_r^i < 160$	强	$220 \leq I_{PERI} < 440$	强
$160 \leq E_r^i < 320$	很强	$I_{PERI} \geq 440$	极强
$E_r^i \geq 320$	极强		

（二）重金属污染健康风险评估方法

本研究基于浙江省质量技术监督局发布的《污染场地风险评估技术导则》要求，将健康风险评价分为四个环节：危害识别、暴露评估、毒性评估、风险表征。

1. 危害识别

研究中往往现场同时检测到多种污染物，因此确定关键污染物是风险评估的首要工作 [129]。针对长江流域范围广、污染类型多的特点，本研究重点识别铅、汞、镉、铬和砷这五种重金属。

2. 暴露评估

基于研究区土地使用状况，确定受污染地区的污染物暴露背景和主要接触途径；确定污染物迁移和暴露评估模式、模型参数的价值，以及确定敏感人群的暴露数量。

3. 毒性评估

（1）非致癌物质毒性效应。对于非致癌物质，在最不利条件下的健康影响进行分析，假定在高浓度条件下会对健康产生不利影响，但是在剂量非常低的情况下，典型的不良效应不存在或无法观察到，因此，在对化学品的非致癌影响进行定性分析时，关键是确定相应的阈值剂量参数。如果浓度低于阈值剂量，则被认为是安全的；如果浓度高于阈值剂量，则被认为对健康有不利影响。

（2）致癌物质的效应评价。根据对药物剂量和反应的各种定量研究，确定致癌作用剂量与之对应的反应之间的关系。人类在现实环境中的暴露水平通常较低，然而，在实验或流行病学方面，为了深入了解其影响，设定的剂量通常较高。因此，在估计剂量与人体实际暴露情况之间的内在关系时，经常选择实验中获得的药物剂量和反应的相关数据，以进一步推断低剂量情况下药物剂量和反应之间的关系。

4.风险表征

基于暴露评估和毒性评估，进行不确定性风险分析。风险评估模型可用于计算单一污染方法造成的土壤中的癌症风险和危险熵值，并计算单一污染物的总致癌风险和危险指数。

第二节　重金属污染风险模糊综合评价

一、指标体系的建立

基于前文讨论的评估方法，预判重金属环境事故发生后的危险程度，结合危险来源的特征和跨界影响，构建重金属污染风险评估指标体系。

指标体系包括三个层次：目标层次、准则层次和指标层次。指标体系成树状结构，见图5-1。

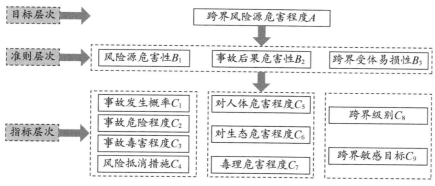

图5-1　风险等级划分指标体系

二、指标计算及分级依据

1.事故发生概率 C_1

使用故障树和历史统计数据等方法来确定风险源发生事故的可能性。通过对国内外危险事故发生概率的统计分析，确定分类依据。

2.事故危险程度 C_2

针对重大污染事故，渗漏量是表征风险程度的一个主要因素[130]。在这项研究中，危险重金属的储存量与临界量之间的比值被用来描述危险材料外流造成事故的风险程度。

$$C_2 = \frac{M}{M_0} \tag{5-8}$$

式中，M 为环境风险源危险物质量储量（t）；M_0 为环境风险源危险物质临界量（t）。

依据重金属超过临界数量的程度来评分，临界数量参照《危险化学品重大危险源辨识》GB 18218-2018来确定。分级值为：基准临界值即为四级重大危险源的临界值；基准临界值的5倍为三级重大危险源的临界值；基准临界值的10倍为二级重大危险源的临界值；基准临界值的100倍为一级重大危险源的临界值。

3. 事故毒害程度 C_3

污染物的毒理性是水体污染的指标之一，根据《建设项目环境风险评价技术导则》（HJ 169—2018），《危险化学品重大危险源辨识》（GB 18218-2018），《职业性接触毒物危害程度分级》（GBZ 230—2010）中有毒物质危险性标准，判断其毒性级别并评分。本文将污染物的毒理性分为四级：极度危害、高度危害、中度危害和轻度危害，分别赋值为：5、4、3、1。

4. 风险抵消措施 C_4

风险抵消是应对突发污染事件和减少其危险的必要手段。它主要涵盖工艺控制措施、防火措施、应急计划等。本文采用专家意见法对各个企业进行分类和估价。

5. 对人体危害程度 C_5

当发生污染事件时，会对居民的生活产生一定的影响，本书主要研究饮用水对人们的影响。由于突发污染事件的发生，对人体的影响在采取行动之前较为短暂，因此采用熵值方法来评估对人的影响。

$$C_5 = \frac{C_{max}}{C_0} \tag{5-9}$$

式中，C_{max} 为污染物到达敏感目标的最大浓度（mg/L）；C_0 为饮用水水质标准（mg/L）。

6. 对生态的危害程度 C_6

本章主要以采矿业为代表，利用熵值法来评价对生态的影响。

$$C_6 = \frac{C_{max}}{C_0} \tag{5-10}$$

式中，C_0 为饮用水质标准（mg/L）。

7. 毒理危害程度 C_7

毒理危害程度将模型估计或实际检测的环境暴露最大浓度与表明该物质危害程度的毒性数据（也称为毒性终点值）用来描述其毒性负荷。

$$C_7 = \frac{C_{max}}{C_{LC50}}$$

（5-11）

式中，C_{LC50} 为污染物半致死浓度（mg/L）。

对于指标 C_5、C_6、C_7 用熵值法确定其值，并利用技术应急指标进行分级。

8. 跨界级别 C_8

跨界层面有两个风险：跨省界和跨国界。跨省界水污染事故常常引起中央政府的注意，而跨国界水污染事故往往引起各国之间的争端，从而对跨界差异进行分类和赋值。当污染物跨越多个边界时，对每个边界涉及的敏感目标进行计算，全面评估指数风险程度，标准见表5-3。

表5-3　跨界级别

跨界水重金属污染类别	赋值	说明
国家（地区）	5	引起世界广泛重视
省、自治区	4	引起国家方面重视
市	3	—
县、乡、村	2	—

9. 跨界敏感目标 C_9

河流的跨界敏感目标，污染物进入水体后，在物理和化学过程（如混合和稀释）之后，其浓度将降低，然而，如果污染物的浓度在跨界后仍高于当地标准值，则可能会经过环境敏感地区，包括重要的城市水源、重要的生态保护区等。这些生态敏感地区对其不同的环境会有所不同。就跨界敏感目标指数而言，不同区域可通过受体敏感程度的不同来分配，见表5-4。

表5-4　受体敏感分级标准

敏感区	区域功能值
国家级自然保护区、100万人口城市水源地	100
国家级自然保护区、50万人口城市水源地	80
生态脆弱区、20万人口城市水源地	50
一般农田、森林	—

三、模糊综合评价过程

权重设置是进一步分析重金属风险评估指标之间关系的手段。指标权重是各子目标对总体目标的贡献程度，直接反映出评价者的价值取向，本研究基于综合权重法确定指标权重。

综合赋权是一种结合主观和客观赋权结果的赋权方法[131]。不仅可以减少主观任意性，而且还可以考虑到决策者在客观赋权中对某一指标的偏好，从而使指标权重的确定能够客观地纳入主观因素。

模糊综合评价法主要是通过定量方法处理灰色数据，对其做出比较合理的评级，具有比较强的主观性，具体步骤如下。

第一步，确定因素集 $D=\{D_1, D_2, D_3, \cdots, D_m\}$。

第二步，根据风险程度将其分为多个等级，即评价集 $V=\{V_1, V_2, V_3, \cdots, V_m\}$。

第三步，确定权重集 W，污染风险指标权重采用不同赋权方法进行赋权。

第四步，进行单因素评价，建立从 D 到 V 的隶属度矩阵 R：

$$R = \begin{bmatrix} r_{11} & \cdots & r_{1n} \\ \vdots & r_{ij} & \vdots \\ r_{n1} & \cdots & r_{nn} \end{bmatrix} \quad （5\text{-}12）$$

上述矩阵中，r_{ij} 为第 i 项因素 D_i 被评为第 j 级风险的可能性，考虑到计算的科学性，根据每一指标的分级与量化采用常用模糊函数降半梯形分布来确定隶属度函数。指标有效益型（指标数值越大越好）、成本型（指标数值越小越好）之分，对类型不同的指标，矩阵中 r_{ij} 的计算公式不一样。对于效益型（指标数值越大越好）指标，r_{ij} 计算公式如下：

$$r_{i1} = \begin{cases} 1 & D_i \leqslant V_{i1} \\ \dfrac{V_{i2} - D_i}{V_{i2} - V_{i1}} & V_{i1} < D_i < V_{i2} \\ 0 & D_i \geqslant V_{i2} \end{cases} \quad （5\text{-}13）$$

$$r_{in} = \begin{cases} 0 & D_i \leqslant V_{i,n-1} \\ \dfrac{D_i - V_{i,n-1}}{V_{in} - V_{i,n-1}} & V_{i,n-1} < D_i < V_{in} \\ 1 & D_i \geqslant V_{in} \end{cases} \quad （5\text{-}14）$$

式中，r_{ij} 为 D_i 对第 j 评价等级的隶属度；V_{ij} 为 D_i 的第 j 评价等级的标准值；n 为风险评价等级数。

对于成本型指标，其 r_{ij} 计算公式如下：

$$r_{i1} = \begin{cases} 1 & D_i \leqslant V_{i1} \\ \dfrac{D_i - V_{i2}}{V_{i1} - V_{i2}} & V_{i1} < D_i < V_{i2} \\ 0 & D_i \geqslant V_{i2} \end{cases} \quad （5\text{-}15）$$

$$r_{in} = \begin{cases} 0 & D_i \leqslant V_{i,n-1} \\ \dfrac{V_{i,n-1} - D_i}{V_{i,n-1} - V_{in}} & V_{i,n-1} < D_i < V_{in} \\ 1 & D_i \geqslant V_{in} \end{cases} \quad （5\text{-}16）$$

式中，r_{ij} 为 D_i 对第 j 评价等级的隶属度；V_{ij} 为 D_i 的第 j 评价等级的标准值；n 为风险评价等级数。

第五步，进行模糊综合评价

模糊综合评价的模型为：

$$B = W \times R \quad （5\text{-}17）$$

式中，B 为隶属度评价结果，W 为评价指标权重向量，R 为隶属度矩阵。

第三节　皖南大型铜矿土壤重金属污染风险评估实例分析

一、研究区域概况与方法

（一）研究概况

大型铜矿矿区位于安徽省安庆市怀宁县境内，面积13.7 km²，距合肥至安庆国道和铁路都只有2.5 km，距安庆市18 km，濒临长江黄金水道。在长江北岸的石门湖和安庆市东郊设有专用产品中转码头，交通便利，地理环境优越。

以遥感和激光探测技术为基础，构建大型矿区生产区、居住区、道路、河流等的精确地表模型，合理设置土壤样品取样点，使用毒性浸出方法（TCLP）提取重金属，并使用内梅罗综合污染指数综合评估方法评估，完成该区域健康风险测量和环境安全风险测量，并将风险测量结果直观地显示在三维模型中，研究结果有助于确保采矿区生产、生活的安全和环境保护[132]。

（二）地表模型构建

矿区铜矿资源丰富，为一大型坑下开采铜铁共生矿床，设计能力年处理矿石量115.5万t，年产铜量9 350t，年产铁精矿39万t。附近有很多工业和农业区及居民区，矿区有3个大型尾矿池，2个废弃尾矿池。

核心矿区周围居民约7 300人，周边水路、铁路、公路、居民区分布模型见图5-2（用1∶2 000的地形地质图构建）。

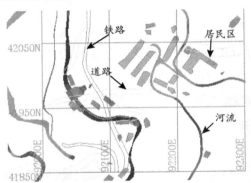

图5-2　矿区内水系、道路、居民区分布图

根据矿区实测数据合理布置采样点（用1∶2000的地形地质图构建），见图5-3，为进一步采集数据和分析数据做准备。

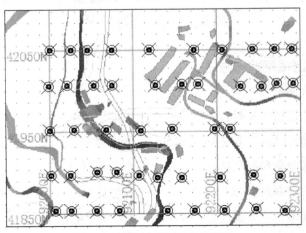

图5-3　核心矿区采样点分布图

（三）样品采集与数据处理

现场取样和样品分析符合《全国土壤污染状况评价技术规定》的要求，主要调查领域包括主矿区及其周围土壤。由于采矿区污染物分布的空间差异很大，取样点是以主矿区为中心由密到疏向周围放射状布置：在平坦的采矿区，取样点以采矿区为中心沿四个方向分布，每250 m布置一个点，在尾矿库区域适当加密布点，原则上均匀分布图5-3所示网格中的点，共367个样本，取样时间是2018年9月，采集矿区0~20 cm² 的混合土壤样本，清除沙、岩石、草根等。为河流沉积物取样选择容易沉积的区域，且不应与河沙混合，所有采集的样品都存放在空气透气性良好的样品袋中。

样品送到实验室后，处理步骤如下：土壤（底泥）样品风干、压碎、除杂物、破碎至160目；根据《生态地球化学评价样品分析技术要求（试行）》地质调查技术标准，重金属土壤样品（Zn、As、Pb、Cu、Cd）由硝酸和高氯酸混合（硝酸：高氯酸=4∶1）处理，采用原子荧光光谱仪 AFS-2202测定 As 含量，采用电感耦合等离子体发射光谱仪 ICP-MS 测定 Pb、Cu、Zn 的含量，采用原子吸收分光光度计 - 石墨炉法 A-630测定 Cd 含量。

二、重金属来源分析与风险评价

（一）重金属来源

所获得的367个样品中 Cd、As、Cu、Zn、Pb 含量及其变异系数如表5-5所示，平均含量排序为：Zn>Pb>Cu>As>Cd，含量远远超过了背景值，说明多年来高强度矿产资源的回收和冶炼导致周围土壤中大量重金属的积累。同时，土壤中 Cd、As、Cu、Zn 和 Pb 之间的变异系数差异较大，区域内 Cd、As、Cu、Zn 和 Pb 分布不均。

表5-5 矿区土壤重金属含量统计

pH*	平均数 ± 标准差 /(mg· kg⁻¹)				
	Cd	As	Cu	Zn	Pb
6.14	9.23±8.28	113.16±107.34	301.41±288.41	478.84±436.49	395.55±276.38
	(0.63)**	(1.03)	(1.09)	(0.94)	(1.53)

注：* 表示平均值；** 表示括号内为变异系数；测量误差范围（±2%）。

矿区土壤重金属含量经对数转换后符合正态分布，如图5-4所示。

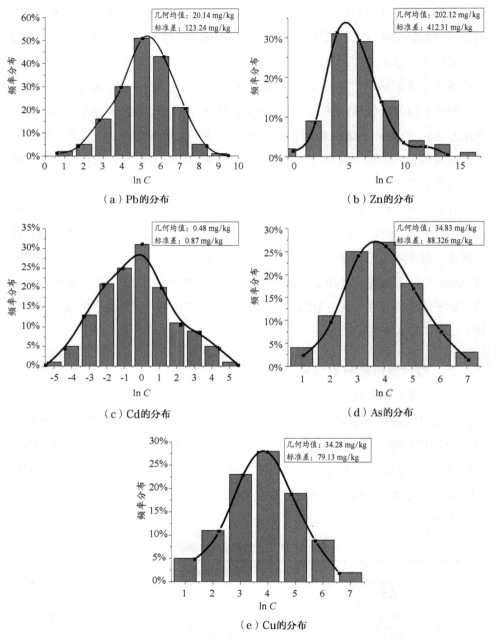

图5-4　矿区土壤重金属含量对数转换后分布情况

（二）重金属生态安全风险评价

基于前文重金属生态风险评估方法，对研究区重金属生态安全进行评价，结果如下。

1. 单因子风险评价

根据重金属含量和污染物参考值，得出土壤中各重金属元素的污染指数值，如表5-6所示。每种重金属元素的污染程度都较高，污染指数的顺序如下：Cd＞Pb＞Zn＞As＞Cu。

表5-6　矿区土壤重金属污染指数计算

Cd		As		Cu		Zn		Pb	
污染指数	污染程度	污染指数	污染程度	污染指数	污染程度	污染指数	污染程度	污染指数	污染程度
31.6	重污染	7.73	重污染	3.79	重污染	11.8	重污染	20.9	重污染

2. 潜在生态风险评价

表5-7列出了土壤中各种重金属的潜在风险参数和潜在生态风险指数的结果。其中，Cd 的潜在生态风险参数最高为716.34，与其毒性响应参数较高有关。其次是 Pb 和 As，分别为215.21和155.30，具有较高的生态风险，高于 Cu 和 Zn 值。面对严重的污染风险，重金属的潜在生态风险指数为787.29，潜在生态风险很高。

表5-7　土壤中重金属的潜在生态风险评价结果

潜在生态风险参数 E_I					潜在生态风险指数 R_I	潜在生态风险程度
Cd	As	Cu	Zn	Pb		
716.34	155.30	60.45	47.22	215.21	787.29	很高

（三）重金属健康风险评价

基于前文重金属健康风险评估方法，对研究区域的重金属健康安全进行评价，结果如下：

Cu、Zn、Pb 非致癌重金属总量的危害系数值 HQ 低于1，健康风险低，一般不会对矿区工人的身心健康产生不利影响；但每一取样点的致癌重金属 Cd 和 As 的致癌风险 CR 均低于10^{-4}～10^{-3}，比可接受的最大风险值（5.0×10^{-5}）高1～2数量级，是一种高健康风险，主要来源于 As，必须引起高度重视，如表5-8所列。

表5-8 矿区土壤重金属健康风险值

种类	致癌风险 CR		危害系数 HQ		
	Cd	As	Cu	Zn	Pb
统计值	4.42×10^{-4}	0.103×10^{-3}	0.156×10^{-4}	0.224×10^{-3}	0.767×10^{-3}

（四）重金属污染风险模糊综合评价

综合前文重金属污染风险模糊综合评价方法、重金属生态安全风险评价结果和重金属健康风险评价结果，得到矿区重金属污染风险模糊综合评价结果，生产区污染风险最高，居民区污染风险最低，结果如表5-9所列。

表5-9 矿山各区域重金属污染风险模糊评价结果

研究区域	居民区	生产区	道路	河流
隶属度	0.74	0.43	0.56	0.63

三、风险状况可视化表达

基于地学数据，构建精确矿区三维地表模型，准确反映矿区内居民区、河流、道路、铁路的相互位置关系，如图5-5所示。

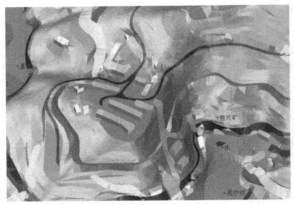

图5-5 核心矿区三维地表模型

安全风险测量结果显示在三维模型中，如图5-6所示。测量结果分别有较高的潜在生态风险、高等的潜在生态风险、中等的潜在生态风险、低等的潜在生态安全风险，可见，居民区和河流附近被确定为具有高等的潜在环境风险的地区。

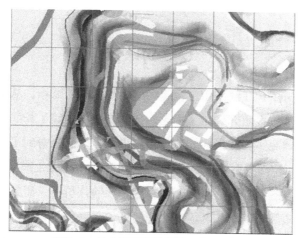

图5-6 核心矿区污染风险可视化表达

四、风险评价结果

（1）重金属含量平均浓度顺序为：Zn > Pb > Cu > As > Cd，含量远超背景值，含量依次为：478.84mg/kg、395.55mg/kg、301.41mg/kg、113.16mg/kg、9.23mg/kg，矿区土壤受到不同程度的重金属污染。

（2）单因素指数法的评价结果表明，每种重金属元素的污染程度较为突出，影响因子为：Cd > Pb > Zn > As > Cu。

（3）Cd 在土壤中的潜在生态风险参数最高，其次是 Pb 和 As。采矿区5种重金属的潜在生态风险参数均高于平均潜在生态风险参数；土壤中重金属的潜在生态风险指数非常高，为787.29。

（4）土壤中非致癌重金属 Cu、Zn、Pb 的健康风险值 HQ 小于1，健康的风险相对较低，但各采样点的致癌重金属 Cd 和 As 的健康风险值 CR 的数量级均低于$10^{-4} \sim 10^{-3}$，健康风险相对较高。

（5）模糊综合评价表明生产区污染风险最高，居民区污染风险最低。

（6）构建精确的三维地质模型，在三维模型上直观地表达重金属污染的风险状况，为矿区安全生产管理提供直观的决策基础，也为控制污染扩散的下一步工作奠定了基础。

本章小结

　　本章主要分析了长江经济带重金属污染风险评估的背景，从生态风险评估和健康风险评估两个维度研究确定了相应的评估方法；构建了长江流域重金属污染风险评价体系，确定了各级指标的计算和分级依据；研究得到了重金属污染风险评估指标权重。以皖南大型铜矿为研究样本，构建大型矿区生产区、居住区、道路、河流等的精确地表三维模型，综合运用单因子风险评价法、潜在生态风险评价法完成了该区域健康风险评价和环境安全风险评价，获得了模糊综合评价结果，基于可视化技术实现了风险评价结果的三维呈现。该方法可为长江经济带其他区域重金属污染风险评估研究提供借鉴，也为企业重金属污染风险全过程管理提供决策依据。

第六章 重金属污染风险全过程管理研究

长江经济带各区域重金属污染风险是典型复合型风险，具有风险范围广，暴露人口多，人群暴露时间长，污染物暴露风险水平高，历史累积污染风险对健康影响短时间内难以消除，城乡差异显著，由工业化、城市化进程带来的重金属污染健康风险逐步增强等特征，迫切需要在风险源头控制的基础上厘清污染风险传导链条，完善风险应急预案，构建全过程管理体系来满足日益复杂的风险管理需求。

第一节 重金属污染风险传导分析

长江流域是典型的复合生态系统，任何节点发生重金属违规排放事件后，造成的重金属污染风险将在系统内外部的多个相关环节之间进行传导和影响。重金属污染事件发生后，重金属污染物被排放到自然环境中，造成水环境和土壤质量的恶化，得不到有效修复和处理，环境重金属浓度将超过相应的环境保护标准，污染继续扩散到自然环境和人类社会，借助现代传播手段形成社会热点事件，造成恐慌及财产损失 [133]。在风险传导过程中，除了重金属污染的初始危害外，重金属污染风险随着时间和范围的推移有扩大效应，产生二次危害和叠加负面影响。

一、重金属污染风险传导要素

重金属污染风险传导主要涉及风险源、风险传导载体、风险传导节点、风险传导信号和风险传导受害者。

（一）风险源

风险源是重金属污染风险传导链的基础和先决条件。风险来源主要有自然风险和人为风险 [134]。自然风险主要有泥石流、山洪导致矿山企业的尾矿库溃坝等。人为风险为长江流域内各大涉重金属工业企业生产中因工艺缺陷、运作不良等造成污染源泄漏，以及工业"三废"的偷排偷放等，重金属污染的最大来源为工业污染源。

（二）风险传导载体

重金属污染物的传导需要使用承运载体，主要传播媒介是水和土壤。随着重金属污染源持续渗入水和土壤，污染物的浓度持续上升 [135]，特别是长江各主要流域，上游重金属污染风险借助水流快速传递给下游各主体。

（三）风险传导节点

污染重金属在水或土壤中的浓度超过相应的环境保护标准将造成损害，重金属污染风险是相对风险，不能完全消除，只能将风险控制在合理范围 [136]。从污染源泄漏到危险环境事件爆发之间的时间往往非常短，风险传导节点主要有：涉重金属企业生产环节；涉重金属企业风险管理环节；重金属污染泄漏监管环节；灾害应急联动环节；环保、水利、国土行政部分响应环节；权威信息发布环节；后勤、医疗保障环节；灾后补偿、帮扶环节等等。

（四）风险传导信号

重金属污染事件发生有显性信号和隐形信号两种类型。显性信号是可以用人类的感官来判断的信号，如气味、脏水、土壤硬化和大规模生物死亡 [137]。隐形信号不能由人类感官判断，可借助设备判断，比如涉重金属企业排污口，必须定期使用设备检测水中污染物重金属的浓度。

（五）风险传导受害者

重金属污染事件中所有受到污染威胁的生物都是危险传播的受害者。污染事件受害者所遭受的损害程度受污染事件规模、风险源的性质和社会应急反应的影响。在风险转移过程中，水和土壤中的某些物质或现象既可能是风险转移的信号，也可能是受害者，也可能是新的风险来源。2012年广西龙江河重金属污染事件中，由于排放重金属残留物导致河流水质恶化，大量鱼类死亡，这不仅是风险传导的信号，也是风险传导的受害者，还是新的风险来源，死鱼将产生新的风险，并向下游传播该生态风险。

二、重金属污染风险传导过程

重金属污染事件发生过程包括从危险源产生到环境污染产生，再到危害范围扩大，以及受到人为干预后逐渐减小到危险行为消失。如图6-1所示。

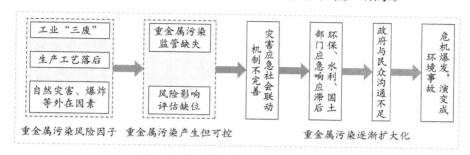

图6-1　重金属污染事件风险传导过程

对于重金属污染风险事件的发生，除了从源头进行阻断外，各节点风险防范同等重要，必须强化重金属污染监管力度及对重金属污染风险影响的评估，在风险传导各环节控制重金属污染扩散。

各节点风险评估主要包括查明风险来源、风险分析、风险计算、风险来源分级和风险来源分级管理。基于上游风险来源，评估主要风险事件，确定可信的最大事件并预测其可能性和后果，计算风险价值；对风险来源进行分级，以及制定有针对性的管理和控制措施[138]。减少危险事件的发生频率，缓解污染严重程度。具体见图6-2。

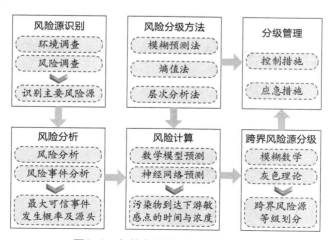

图6-2　各节点重金属污染风险评价

三、污染事故概率分析

基于风险识别和风险传导，分析主要风险来源和主要风险事件。利用定性或定量方法，从重大风险事件中确定主导风险事件，确定关键节点事件，并评估其发生概率和强度。

（一）风险事故强度的分布规律

事故造成的污染强度与物理和社会因素有关：污染源的大小和规模（所含污染物的数量）、安全设施的条件、地理特征和人口密度、污染源意外排放的初始强度和损害的最终规模（死亡率、经济损失）[139]。重金属污染事故排放强度分为4个指标：排放量、流量、浓度和时间。研究表明，事故强度的分布大致呈指数型，强度越低，事故就越频繁。

（二）事故发生概率的估计方法

事故概率的估计主要针对源头的强度和概率，本研究主要使用主观估计方法。常用的三角分布中，已知最小值、最可能值和最大值，可以计算事故发生的概率[140]。

第二节 重金属污染风险全过程管理

基于污染数据评估和衡量长江经济带各区域重金属污染风险发生的概率、风险损失的范围，包括涉重金属企业和从业人员所引起的风险，其通过风险识别、风险衡量、风险分析三个步骤，研究得出重金属污染风险传导链，并基于此构建风险全过程管理预案，用最低成本、最高效的方法来实现长江经济带生态环境最大安全保障。

一、当前重金属污染风险全过程管理的挑战

长江经济带重金属风险管理重点分析污染风险的累积聚集、形成背景、分析风险值，借助极限测试等各种方法和工具衡量风险，识别风险管理信息的类型和结构，构建风险管理的人员配置和组织体系，形成精简高效的保障机制，其中所面临的困难如下。

（1）风险识别难：重金属污染源是风险管理的基础，随着生产环境日益活跃

和复杂，大多数涉重金属企业面临着不规则、不可预测和不连续的风险，如技术变化、监管变化、市场冲击和舆论偏好变化、大量非传统风险的突然出现等。

（2）风险量化难：基于ERM（全面风险管理）框架运用"风险识别—风险评估—风险应对"模式，利用过去的经验来预测未来风险事件将要发生的可能性和损害程度越来越难；重金属环境污染对健康的损害具有滞后性导致风险溯源难[141]。

（3）风险管理理念陈旧：生存和发展是长江经济带所有涉重金属企业管理活动的永恒主题，但区域内涉重金属企业风险管理的目标不仅在于控制损失，更重要的是借助风险管理实现持久的竞争优势。

二、重金属污染风险全过程管理的内容

重金属污染风险管理是过程管理，将重金属生产、运输、使用全过程的安全责任落实到具体管理过程中[142]，各环节按照高标准对风险源进行系统的、全方位的监管，涉及重金属污染风险管理规划、风险的早期识别和分析、风险的连续跟踪和评估、纠正措施的实施和反馈、风险管理文件的编制和修订，具体见图6-3。

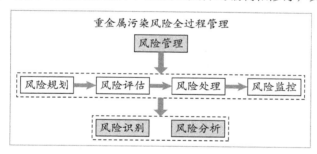

图6-3 重金属污染风险全过程管理内容

重金属污染风险管理要求相关业务部门共同承担责任，并明确各层次职责和权限，风险管理是不断迭代的过程，通过多次重复及更新保护措施来减少污染事故的发生。

（一）风险规划

1. 风险规划的主要内容

基于有组织的、综合性的风险管理途径得出规划结果并制定风险管理计划[143]。具体的内容见表6-1。

表6-1　长江流域重金属污染风险规划主要内容

风险规划	主要内容
目标	确定各区域重金属污染风险管理的目的
方法	确定各区域重金属污染风险管理使用的方法、工具和数据资源
任务	明确各主体重金属污染风险管理活动中各类人员的任务、职责及能力
区域	明确评估过程和需要考虑的区域
程序	规定选择处理方案的程序
衡量标准	基于各类法律法规明确衡量标准和程序
要求	明确报告和文档的需求，确定报告的要求

2. 风险管理计划

基于各区域各主体重金属污染风险规划结果拟定各区域重金属污染风险管理计划[144]。风险管理计划内容见表6-2。

表6-2　各区域重金属污染风险管理计划内容

风险规划过程	具体内容
引言	说明本风险防范计划的目的
重金属污染概况	简要介绍本区域重金属污染情况
定义	确定本区域重金属污染风险定义范围
风险管理策略和方法	提出风险管理的方法，包括风险管理现状和污染风险管理策略、方针、政策和方法
组织机构	说明风险管理组织，逐个列举参与人员的职责
风险管理过程和程序	说明风险管理过程，包括风险规划、评估、处理和监控，以及记录文档
风险规划	规定风险规划过程和风险管理计划，以及计划的修改、更新和批准
风险评估	规定风险评估过程和程序，概述风险识别和分析过程，根据风险等级指定防范措施
风险处理	阐明用于评定风险处理方案的程序，并就如何运用各种风险处理方案提出建议
风险监控	规定风险监控的过程和程序，规定准则以明确什么样的风险需要报告和报告的频次
风险文档和报告	规定风险管理信息系统的结构、需要编写的文档和报告，以及报告的格式、频度及编写职责

（二）风险评估

对区域内各主体涉重金属污染风险、关键性技术过程风险进行识别和分析。包括3个步骤：风险识别、风险分析和风险排序。具体评估过程见图6-4。

图6-4　重金属污染风险评估过程

（三）风险处理

基于本区域重金属污染风险评估结果，对已经确定的风险制定规避策略，明确处理重大风险的方法。确定风险处理进度安排，明确风险防范内容、负责人、时间范围、工作经费等。从可行性、污染处理效果、资源承载力、制定和实施方案的时间、处理方案与外部系统的技术性能匹配度等方面，评价各种风险处理候选方案，采用最优处理方法，将污染风险控制规定阈值内[145]。

（四）风险监控

按照既定重金属污染风险阈值不断监测和评估风险处理的结果，必要时迭代优化其他风险处理备选方案，监控结果为新的风险处理方法提供基础数据[146]。风险监控是持续完善的过程，关键在于对潜在的问题及早警示，以便采取下一轮循环管控措施，形成重金属污染风险全过程管理闭环。

三、各区域重金属污染风险全过程管理策略

长江经济带各区域重金属污染风险管理通过事故前、事故中、事故后三个环节消除和减少重金属污染排放风险，如图6-5所示。改善外部负生态效应，从而提高整个生态系统的可靠性，主要有以下策略。

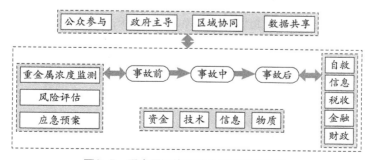

图6-5　重金属污染风险全过程管理策略

（一）明确各区域典型污染物

重金属污染风险因子间既有相关性，又有不确定性，导致事故的因果链模糊不清，现实工作中，重金属污染后果滞后性更导致因果关系很难证实，但可以通过历史数据和信息技术，明确各区域典型污染物，更准确和有效地管控潜在污染物接触和扩散渠道，满足风险管理的基本要求。

（二）污染总量管理与风险管理并重

随着生态文明理念逐渐深入人心，长江流域重金属污染状况虽然有所改善，但重金属污染健康风险并未减轻，重金属污染总量控制是风险防范的基础，但信息社会轻微的环境问题极易变成重大社会问题。典型重金属污染物与环境、经济、健康和其他社会变量之间的关系不明确，因此需要从重金属生产、排放、接触控制等角度控制风险，总量管理与风险管理并重可以有效防范重金属污染环境事件发生。

（三）区域协同优化社会资源配置

长江流域各行政部门积极引导市场力量在重金属污染防控工作中发挥重要作用，引导污染防范资金的合理流动，并带动其他社会资源参与，提高重金属污染防范资源的利用效率。

第三节　赣北涉重金属企业污染风险全过程管理实例

一、研究区域概况

（一）企业基本情况

企业坐落于风景秀丽的庐山脚下、长江之滨、鄱阳湖畔。1975年筹建，1980年建成投产，是中国石化直属企业、我国中部地区和沿长江流域重点企业、江西省大型石油化工企业。现有原油综合加工能力800万 t/a，占地面积4.08 km²，现有在职员工近3 000人，主要生产汽油、柴油、航煤、石脑油、液化石油气、三苯、沥青、环氧丙烷、乙酸酯等60余种产品，是长江中游地区重要的石油化工产业基地。该企业环保措施情况见表6-3。

表6-3　环保措施执行情况一览表

序号	环境要素	环评要求	执行情况	是否符合要求
1	汽油罐	3个30 m³双层罐	3个30 m³双层罐	一致
2	柴油罐	2个30 m³双层罐	2个30 m³双层罐	一致
3	加油机	4枪加油机4台	4枪加油机4台	一致
4	废水	站内雨水排至公路	站内雨水排至公路排水系统	符合
		站内洒水抑尘	生活污水用于绿化和道路抑尘	符合
5	废气	汽油加油枪设置二次油气回收系统；埋地式汽油罐储油、卸油设置一套一次油气回收系统	汽油加油枪设置二次油气回收系统；埋地式汽油罐储油、卸油设置一套一次油气回收系统	符合
			主要是加油车辆产生的尾气，站内地域开阔尾气易扩散且绿化率高，废气对环境影响较小	符合
6	固体废物	废油渣由有资质的单位进行收集并处置，废棉纱、废手套委托环卫部门进行处理	有资质的单位进行油罐清洗并收集处置废油渣，废棉纱、废手套委托环卫部门进行处理	符合

1. 企业主要原辅材料

化工厂涉及的主要原辅料情况详见表6-4。

表6-4　原辅材料一览表

序号	物料名称	年预计消耗量	最大贮量	状态	包装方式	储存地点	运输方式
1	焦炭	1 000 t	63.27 t	固	露天	材料区	汽车
2	其他	200 t	51.3 t	固、液	仓储	仓储区	汽车

2. 企业主要生产设备

化工厂建立完善设备检修制度，定期对站区设备进行巡查、检修，并做好相关记录，确保设备正常运转，保证生产和安全管理，确保产品产量和质量的稳定。化工厂主要设备情况见表6-5。

3. 污水处理措施

该化工厂废水主要为生产废水和生活污水。其中生产废水为油罐清洗废水，清洗作业委托有资质的单位定期进行，清洗产生的残渣直接拉走，不在站区贮存。日常生活污水产生量有限，散排至站内作为绿化和道路抑尘。厕所为旱厕，每年定期雇人进行清掏，用作农家肥。

表6-5　主要设备一览表

序号	设备名称	规格	单位	数量	备注
1	离心泵	30 m³	个	3	
2	搅拌机	30 m³	个	2	
3	热交换器设备	/	台	3	
4	压滤机	/	台	1	含液位仪5套
5	真空带式过滤机	/	个	5	
6	浓密机	/	台	1	
7	磨砂机	一次油气回收	套	1	
		二次油气回收	套	12	
8	视频监控	/	套	1	

4. 废气处理措施

该站废气主要为运营过程产生的焦炭废气（以非甲烷总烃计）和汽车尾气。冶炼厂采用了废气回收装置，且排放口距地面高度不低于4 m，回收效率≥90%，可以满足《加油站大气污染物排放标准》（GB 20952—2020）中油气处理装置的油气排放浓度1h 平均浓度值应≤25 g/m³ 的要求以及《大气污染物综合排放标准》（GB 16297—1996）中的要求；汽车尾气主要为加油车辆产生的尾气，项目地域开阔尾气易扩散且绿化率较高，废气对环境影响较小。

5. 材料区及重金属防渗措施

储藏区采用的玻璃钢防渗层原材料为环氧树脂，玻璃钢防渗层的结构为：封底胶—封底胶—中间胶—玻璃布—中间胶—玻璃布—中间胶—玻璃布—中间胶—面胶—面胶，共三布八胶，罐区进行了混凝土防渗措施，并设置泄漏检测仪。

6. 固体废物处理措施

员工生活垃圾交由环卫部门集中处理。

由有资质的单位进行废渣收集处置，暂存于室内带锁的危险废物暂存箱，委托有资质的单位进行处置，废棉纱、废手套委托环卫部门进行处理。

7. 公用工程及辅助设施

（1）供电。本项目站内用电由曲家沟变电站引入站内配电室，进线电压380V/220 V，由配电室配送到各用电部位。项目设置柴油发电机1台，作为备用电源。主要负荷为加油机及照明负荷，使用输油泵、照明灯采用防爆设备。

（2）给水、排水、供热。给水：本项目站内用水由站内水井供给，能够满足站内的日常用水需要；排水：站区不设浴室，排放污水主要为地面清洗水和盥洗水，产生量很小，用于道路洒水抑尘；供热：冶炼厂供热采用空气源电热器。

（二）重金属污染源基本情况

1. 企业经营情况

化工厂主要经营情况：矿石原料储存量为90 m³（3×30 m³），冶炼材料储存量为60 m³（2×30 m³）。

2. 重金属污染处理情况

废渣清理，清洗作业委托有资质单位定期进行，清洗产生的废水直接拉走，不在站区贮存。

废物（油手套、油拖把、废油枪、废油管等）暂存在危险废物贮存桶内，由市公司定期拉走处理。

3. 环境受体情况调查

环境风险接收器可分为大气环境风险受体、土壤环境风险受体和水生环境风险受体[147]。其中，大气环境风险受体主要包括住房、医疗和卫生、文化和教育、科学研究、行政办公室、企业和重要基础设施、保护单位、植被等主要职能领域的人员；土壤环境接受者主要是企业周围的基本农田保护区、住宅区和商业区等；水生环境风险的接受者包括饮用水源保护区、水厂取水区、自然保护区、重要湿地、特殊生态系统、水产养殖区、鱼虾产卵场、天然渔场等，按其脆弱性和敏感性进行级别划分[148]。

根据对周边居民、主要河流、水源地等环境敏感点进行现场调查，该化工厂周围500 m和5 000 m范围内主要环境风险受体情况见表6-6。

经调查，该站周围5 km范围共有11个村庄，村庄人口总数约有8 000多人，且化工厂周边5 km涵盖市区城镇人口的2%，约4万人；化工厂500 m范围人口数约1万人。

表6-6　企业区域内主要环境风险受体情况一览表

环境要素	保护目标	方位	与站区边界距离 /m	规模 / 人
空气环境 （周边居民区）	臣山村	西北	1 435	856
	原家坪村	西南	2 100	416
	鸦儿旺村	西南	1 450	700
	乔家沟村	西	160	300
	刘家村	北	120	850
	高家陇村	东	420	200
	文桥村	东北	1 650	180
	邱家坡村	西南	1 300	500
	高坡山村	南	1 950	200
	下屋村	东南	1 670	100
	望城村	北	4 448	100
	白竹坡村	北	3 768	100
	龙海组村	西北	3 421	100
	吴家屋村	西北	1 536	420
	方家湖村	西南	3 677	200
	李家屋村	东南	3 908	1 076
	李家村	东南	4 377	430
	王毛冲村	东南	4 878	100
	和平村	东	4 026	550
	谢家冲村	东北	3 286	100
	瞿家村	东北	4 330	1 370
	斜唐山村	东北	4 628	314
	合计	/	/	9 162
水环境	里湖	西北	70	/

二、事前环境风险辨识及风险评估

（一）风险物质

物质风险识别范围主要包含生产原辅材料、中间产品、最终产品以及生产过程排放的"三废"污染物。

对照《企业突发环境事件风险分级方法》（HJ 941—2018）涉气、涉水环境风险物质的识别，化工厂涉及原辅材料中的风险物质分析如表6-7所示。

表6-7　环境风险物质识别结果一览表

序号	分类	风险源	风险物质	是否为风险物质	CASS 号	最大存储量 /t	临界量 /t
1	涉气环境风险	储藏区废渣	镉	是	/	63.27	2 500
			硒	是	/	51.3	2 500
		废气回收装置	非甲烷总烃	否	/	/	/
2	涉水环境风险	冷却废水	废水	是	/	63.27	2 500
			漏油	是	/	51.3	2 500

（二）风险分级

根据化工厂生产、使用、储存和排放的重金属污染危险物质数量与临界数量（Q）的比率，根据生产过程和环境风险控制水平（M），以及评估环境风险受体敏感程度（E）的分析结果，分别对该冶炼厂突发大气环境事件风险和突发水环境事件风险进行评估，突发环境事件的风险水平又分为三类：一般环境风险、较大环境风险和重大环境风险，分别用蓝色、黄色和红色标识[149]。

1. 突发大气环境事件风险分级

与气体有关的危险物质包括《企业突发环境事件风险分级方法》附录 A 中第一、第二、第三、第四和第六部分中的所有危险物质，以及第八部分中除 NH_3–N 浓度 ≥ 2 000 mg/L 的废液、CODCr 浓度 ≥ 10 000 mg/L 的有机废液之外的气态和可挥发造成突发大气环境事件的危险固态、液态物质[150]。

2. 突发水环境事件风险分级

涉水风险物质包括《企业突发环境事件风险分级方法》附录 A 中的第三、第四、第五、第六、第七和第八部分全部风险物质，以及第一、第二部分中溶于水和遇水发生反应的风险物质。具体包括：溶于水的硒化氢、甲醛、乙二腈、二氧化氯、氯化氢、氨、环氧乙烷、甲胺、丁烷、二甲胺、一氧化二氯、砷化氢、二氧化氮、三甲胺、二氧化硫、三氟化硼、硅烷、溴化氢、氯化氰、乙胺、二甲醚，以及遇水发生反应的乙烯酮、氟、四氟化硫、三氟溴乙烯[151]。

3. 企业重金属污染事件风险等级确定

根据《企业突发环境事件风险分级方法》，企业重金属污染事件的风险等级是根据突发大气环境事件和突发水环境事件的较高风险来确定的。且企业近三年未有因违法排放污染物、非法转移处置危险废物等行为受到环境保护主管部门处罚的记录。因此，本企业重金属污染事故的风险水平为：一般环境风险等级（Q0）

（三）环境风险评估

1. 重金属镉泄漏、渗漏事件环境风险评估

环境风险源：储藏区等。

污染物种类：镉、废水。

环境风险类别：储藏区隔离布等损坏，造成土壤污染；外排污染地表水体、土壤环境；渗漏污染地下水环境；遇明火发生火灾、爆炸事故。

影响范围：废水流出冶炼厂站区，可能汇入路旁排水渠，最终可能对地表水水生环境、饮用水环境、土壤环境造成影响；汽油、柴油发生渗漏，污染土壤和地下水环境，影响下游人群的饮水安全。

泄漏对环境的影响：废水、废渣泄漏时随外排水流出站区造成流经土壤、水体污染，造成水中重金属超标；渗漏污染地下水导致地下水中的重金属镉含量超标。

2. 重金属原料石运输车辆泄漏

环境风险源：进站金属矿石运输车辆等。

污染物种类：重金属。

环境风险类别：运输的危险化学品泄漏，可能散发毒性气体，污染大气环境；外排污染地表水体、土壤环境；遇明火发生火灾、爆炸事故。

影响范围：危险化学品流出冶炼厂站区，汇入路旁排水渠，最终可能对地表水水生环境、饮用水环境、土壤环境造成影响；毒性气体扩散污染大气环境影响到周边居民住户。

泄漏对环境的影响：废水泄漏时随外排水流出厂界造成流经土壤、水体污染，造成水中石油类超标。

3. 风险辨识结论

综合以上分析，化工厂存在的环境风险评估结果见表6-8。

表6-8　环境风险评估结果

风险源	风险物质	风险类别	主要污染物	事故后果	影响类别
材料区冶炼区	矿渣	泄漏	重金属	重金属渗漏土壤	大气环境、水环境、土壤环境
		泄漏	重金属	废水泄漏	
		泄漏	重金属	矿渣倾倒	
成品区	成品废渣	泄漏	——	废渣污染	
消防系统	消防水	外排	SS（固体悬浮物）、石油类	发生火灾时产生的消防水直接外排污染周边水体、土壤	水环境、生态环境

4.站区可能发生的环境事件

通过对化工厂风险物质及风险装置的风险识别，存在的发生突发性重金属污染事件威胁的潜在事件类型可以概括为储藏区、冶炼区、成品及"三废"治理设施系统等存在火灾、泄漏影响。根据风险识别从物质风险性、装置生产情况、防控措施综合分析确定事故情景，企业环境事件情景分析见表6-9。

表6-9　重金属污染事件情景分析

序号	情景假设	事故诱因	结果
1	废渣废气泄漏	①成品运输、储存过程中因操作不当造成阀门、泵等损坏，发生泄漏事件；②环境风险防控设施失灵或异常操作	可能出现因泄漏导致的火灾爆炸和重金属污染事件
2	火灾、爆炸事故	①油气遇明火或静电易造成火灾、爆炸事故，可能引起衍生站外污染及人员伤亡；②环境风险防控设施故障或异常操作	遇明火起火，燃烧、爆炸
3	废气、废水处理系统故障，废气未经处理或处理不当，直接向大气、水环境排放	①环境风险防控设施故障或异常操作；②污染治理设施异常运行；③停电、断水等；④通信或运输系统故障；⑤各种自然灾害、极端天气或不利气象条件	废气、废水未经处理或处理不合格，直接向大气环境、水环境排放

（四）预防、预警与信息报送

1.预防

（1）日常监控措施。落实安全检查值班制度，发现问题及时汇报；员工必须熟练掌握各种设备的性能和使用方法；正确使用站内各种报警和监控设备；了解掌握重金属的危险特性及应急处理方法；严格执行加油、卸油操作规程，防止操作过程中出现渗漏现象。

（2）安全管理措施。冶炼厂应设置醒目的安全标识、禁令、警语和告示牌，杜绝明火火源；使用电气焊严格执行安全动火管理制度；冶炼厂工作人员必须穿防护工作服；保证电气设备的温度参数不超过允许值以及拥有足够的绝缘强度，保证电气连接良好；电器开关、电热器具、电焊设备等按照有关规定避开爆炸危险区域，严禁在爆炸危险区使用非防爆电器；不能在冶炼厂内使用非防爆手电筒和手机。

2. 报警、通信联络方式

（1）报警装置。发生重金属污染事件，应立即启用内部报警装置进行报警，根据事态情况由指挥部向企业内发布事件消息，发出紧急疏散和撤离等警报。需要向社会和周边发布警报时，由指挥部人员向周边敏感点负责人发送警报消息。当事态紧急时，通过指挥部直接联系市生态环境局，由指挥部总指挥亲自向市生态环境局报告情况，提出要求组织撤离或者请求援助，随时保持电话联系。院内报警装置主要有紧急报警系统、内部报警电话和外部报警电话（包括手机、固定电话等设备）。

（2）快速的内部、外部通信联络手段。有效的联络手段可以使事件现场及时与外界联系，使外界了解和掌握事件的基本情况，进而对事件现场进行救助。此外通畅的通信网络有利于协调各方面的行动，使救灾过程有序。

应急救援人员之间采用内部电话和外部电话线路进行联络，电话必须保证24 h开机，如电话号码发生变更，及时向应急办公室报告，应急指挥部各成员和部门发布变更通知。

3. 预警

根据紧急情况的严重性、紧迫性和可能的程度，对重金属污染事件的预警进行分类。预警可以根据事态发展和所采取措施的影响加以重新评估、降级或取消。当收集到有关资料以证明即将发生或可能发生重金属污染事件时，将立即启动环境应急计划。具体流程如图6-6。

根据企业重金属污染事件类型情景和自身的应急能力等，结合周边环境情况，确定预警等级，做到早发现、早报告、早发布。

预警发布：一级突发事件为红色预警，一般为企业自身力量难以应对的事件；二级突发事件为橙色预警，一般为企业需要调集内部绝大部分力量参与应对的事件；黄色、蓝色预警根据企业实际需求确定。根据不同级别的预警，采取相应的应急响应措施。

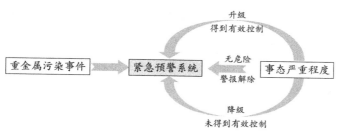

图6-6　预警流程图

（1）预警信息来源。本站内设有视频监控器，监控范围包括站区、油罐区、加油区等。其中油罐区设有液位仪、防渗漏仪，当油品发生渗漏等情况时会自动报警。

本站获取监控信息的途径及等级研判见表6-10。

表6-10　监控信息的获取途径及等级研判

序号	监控信息来源	监控信息	事件描述	预警级别
1	政府发布信息	极端天气自然灾害等	冶炼过程中导致大量重金属污染物泄漏，并排到站外；或泄漏的冶炼厂已无能力进行控制；其他事故发生后，引发环境事件的后果有可能继续扩大的	Ⅰ级
2			导致废渣废水泄漏，可控制在站内，需要动用冶炼厂应急救援力量才能控制，但其影响预期不会扩大到站区外及其他公共区域	Ⅱ级
3	厂内	罐区液位仪、防渗漏仪	发生泄漏	大量重金属污染物泄漏，并排到站外；或泄漏冶炼厂已无能力进行控制；其他事故发生后，引发环境事件的后果有可能继续扩大	Ⅰ级
			可控制在站内，需要动用冶炼厂应急救援力量才能控制，但其影响预期不会扩大到站外及其他公共区域	Ⅱ级
4		视频监控器	发生重金属污染事件	废渣泄漏、消防水扩散到周边环境；或其他事故发生后，引发环境事件，后果有可能继续扩大的事件；全体人员疏散撤离和影响周边社区或企业的事件等	Ⅰ级
5				遇到需局部人员撤离的事件；发生小范围或有少量油品、消防水泄漏事件，未超出站房范围；人员轻微伤害事件等	Ⅱ级
6					
7	站外	监测井	冶炼厂内水井作为冶炼厂地下水监测井，定期取水进行监测，一旦发生重金属超标，可能发生渗漏污染了地下水，影响了附近居民的饮水安全问题。	Ⅰ级

（2）预警发布。本站根据事故险情等级采用两级预警，报警级别视事故影响波及范围而定，预警颜色可以根据事态发展和所采取措施的影响而改变。

预警信号由应急指挥部总指挥根据办公室上报的情况及时通报负责发布，内部通过通信系统和无线对讲系统发布，对外部预警信号发布通过与相邻村庄周边单位的相关负责人联系后，以电话、微信群、村庄大喇叭等方式发布，使周围村庄、企业及时采取自救措施。

进入预警状态后，应急指挥部应当采取以下举措：立即启动相关应急预案；发布预警公告，转移、撤离或者疏散可能受到危害的人员，并妥善安置；指令救援队伍进入应急状态，环境监测队立即开展应急监测，随时掌握并报告事态进展情况；针对突发事件可能造成的危害，封闭、隔离或者限制使用有关场所，遏制危害扩大。预警分级情况见表6-11。

表6-11　预警分级情况

级别	事件描述	可能发生事件	预警程序	责任人
I级 社会级	①重金属污染发生后，可能扩大影响，流出站外； ②站区发生火灾，火势过大，难控制，需要调用消防水车； ③下游水体重金属物质超标，疑似渗漏	①冶炼厂内废渣、废水外排，火灾消防废水外排流入水域或扩散到周边环境； ②其他事故发生后引发环境事件的，后果有可能继续扩大； ③需要全体人员疏散撤离和影响周边社区或企业的事故或事件	①发现者立即上报应急指挥部； ②应急指挥部立刻对事故进行评估，确定为一级事故时，立即上报市生态环境局； ③冶炼厂重金属污染事件应急指挥部发出紧急动员令，调用冶炼厂所有抢险救援人员、器材、设备等物资，积极有效地投入抢救，及时通知外界可能受到影响的环境敏感目标	总指挥
II级 站级	①发生少量泄漏，岗位人员可控制； ②初期火灾，岗位人员利用灭火器即可控制	①发生小范围或有少量废水泄漏事件，未超出站区范围； ②人员轻微伤害	①发现者立即上报应急指挥部； ②应急指挥部立刻对事故进行评估，确定为三级事故时，立即调用作业区救援人员、器材、设备等物资，积极有效地投入抢救； ③一般环保事件	应急办公室主任

（4）预警解除。根据可能发生的重金属污染事件的控制程度和发展趋势而定，当损害程度超过发出的预警范围时，预警程度必须提高；如果事故得到有效管理，损害程度大大低于所发出的范围预警，则应降低预警等级。经对事故信息进行分析、判断，或者经应急指挥部会商，事故得到控制或隐患已消除，可宣布预警结束。

调整与解除：确定事件级别，实时掌控事态发展，及时调整预警级别，事件危机解除后30 min 内发布解除预警信息。

4.信息报告与处置

（1）冶炼厂内部报告。发生污染物泄漏时，重金属污染企业内部应进行应急报告处置。应急指挥办公室设置专职人员，保证24 h 电话畅通，所有警情的第一发现者均可拨打电话报警；报警者应简要说明事件的发生及发展情况、已经造成的影响和正在采取的措施等；值班人员在接到报警电话后应立即上报，由应急指挥部根据事态情况向本单位内部发布事件消息，发出紧急疏散和撤离等警报，采取相应的措施，下达应急处置指令，组织应急人员、车辆、物资，赶赴现场，抢险救护。事件得到控制后，应尽快实现生产自救，编写事件报告，上报应急救援指挥部。

应急预案报告程序详见图6-7。

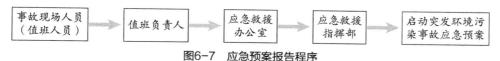

图6-7　应急预案报告程序

（2）信息上报。站内有人发现重金属污染事件后，立即报告相关部门负责人及应急办公室，有向站区扩散的趋势时上报站内应急指挥部。重金属污染事件发生后，在向应急指挥部报告后，总指挥根据污染实际情况立即向市生态环境局报告；站内危险化学品运输车辆发生重金属污染事件，第一发现人立即报告冶炼厂应急总指挥，并立即上报市生态环境局。

重金属污染事件报告分为三类：初报、续报和处理结果。

①初报：发现事件立即报告；

②续报：核实基本情况后随时报告；

③处理结果：事件处理完毕后立即报告。

（3）企业外部报告。当发生社会级（Ⅰ级）重金属污染事件，可能对周边敏感目标（企业、村庄等）构成威胁，在本站积极有序组织抢险救援的同时，应急指挥部用电话等形式立即将基本情况、事故级别等上报，请求支援，并立即开展现场调查，填写事件紧急报告，内容包括：

①事件发生的单位及时间、地点；

②事件单位的经济类型、企业规模；

③事件的简要经过、起因、性质；

④事件抢救处理的情况和采取的措施，并附示意图；

⑤需要有关部门单位协助事件抢险和处理的相关事宜；

⑥事件报告单位、签发人和报告时间。

（4）向公众通报。基于事故等级，按照本站重金属污染事故应急预案指令对广大公众采取防护措施。应急救援指挥部办公室应用电话等形式向受影响村庄、企业通报当前污染事故状况，通知职工、群众，听候指令，并积极展开组织群众的自救与互救。

应急办公室通报事故当前状况，澄清事实以辟谣，播送注意事项，听从现场安排。

（5）报告时限要求及程序。重金属污染事件发生后，如公司内部不能控制，有扩散到站外区域的趋势（Ⅰ级重金属污染事件）时，企业急救援指挥部应立即向市生态环境局等有关部门报告，请求救援，政府启动相应级别的政府预案。同时站内组织进行现场应急。

（6）信息通报。可能受影响的区域有企业内部的企业各机构，以及企业外部的周边居民、企业等。

通报程序：应急指挥部根据事故发展状况及现场应急处置情况，发现事故可能波及的厂址周边村庄等，由应急办公室主任立即通过电话与周边村庄、企业取得联系，通报当前污染事件的状况，通知群众做好应急疏散准备，听候应急指挥部的命令，并强调在撤离过程中的注意事项，积极组织群众开展自救与互救。

三、事中应急响应及措施

（一）应急响应流程

针对企业的二级重金属污染事件所采取的应急响应相应地分为两级：Ⅰ级响应、Ⅱ级响应。

1. 应急级别确定

发生重金属污染事件后，发现者立即向企业应急救援指挥部报告。应急救援指挥部根据事件分级标准，迅速做出判断，确定应急响应级别。发生Ⅱ级事件时，应急救援指挥部启动本预案进行应急处置。发生Ⅰ级事件时，立即上报市生态环境局，同时启动本预案进行先期处置，见图6-8。

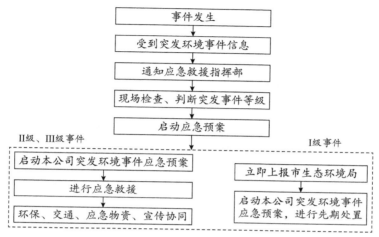

图6-8 重金属污染事件应急流程

2. 应急启动

确定应急响应级别后，应急救援指挥部立即电话通知冶炼厂内各应急小组立即赶赴事件现场。应急救援指挥部根据本预案及现场实际情况，制定抢险救援方案，调配应急所需资源。

3. 现场应急工作

在接到通知后，应急小组成员赶到指定地点，听取对事件的简要介绍，并根据各自的职责和总司令的指挥，在现场开展紧急救援行动。在落实紧急救援优先原则的框架内，积极开展人员救援、紧急修复、交通监控、医疗救援、人群疏散、环境保护和现场监测等工作。

4. 应急避险

事态紧急时，应急救援指挥部可先组织事件的现场人员进行紧急疏散或转移。当事件扩大，应急处置人员不足，事件一时无法得到控制时，要根据现场具体情况和应急常识，采取应急避险措施，并及时联系外界医疗、交通、治安机构，协助应急救援工作。

5. 应急结束

当事件现场得以控制，环境符合相关标准，各种重大事故隐患得以消除或控制，现场清理、人员清点完成时，应急救援指挥部宣布应急响应结束，解散救援人员，现场应急终止。

（二）应急处理措施

现场应急措施见表6-12。

表6-12　现场应急措施

事件等级	响应级别	现场应急措施
I级	I级	①现场处置组人员必须配备必要的防护器具。事故区应疏散人群、严禁火种、切断电源、禁止车辆进入。应急总指挥迅速组织现场处置组人员、指派物资供应组人员调动应急物资、设备等，应急监测组人员及时联系环境监测站现场采集水样并分析化验，确定污染程度，根据监测结果，添加絮凝剂等处理污水，至监测达标。由环境局通知本站下游取水井暂停取水，待环境监测站现场采集下游井水并分析化验，确定水质达标可饮用后方可取水； ②危险化学品车辆进站后，加油员需咨询司机并登记危险化学品种类及名称，若危险化学品发生泄漏，立即上报市生态环境局，疏散站内车辆及人群至上风向； ③站内发生火灾，迅速撤离泄漏污染区人员至上风处，立即上报市生态环境局，情况紧急可越级上报，并联系外部消防救援力量。根据事故水外排情况，现场处置组应迅速采取截流措施，如布置围堰等措施。上级应急指挥机构到达后服从上级指挥命令积极参与应急处置； ④渗漏污染地下水事件发生时，一经发现监测井重金属超标，立即上报应急指挥部，进行排查渗漏位置，采取堵漏措施，同时应急监测组监测下游饮用水源是否受到影响，如果超标，通知饮用水源区居民停止取水，并上报应急指挥部，立即通知市生态环境局
II级	II级	废水泄漏、火灾产生含油消防水漫流至站区范围，站内最高负责人视情况按响警铃及停止营业，监控现场。全站进入戒备状态，严禁现场所有危害行为。 ①站区四周迅速设置围堰，进行堵截，将废渣用不产生静电的容器进行回收。回收结束后，用沙土覆盖其无法回收的油品表面，待其充分被吸收后，将其放置指定场所进行专业处理，不得随意扔弃； ②在雨水出站口处筑坝拦截，投放絮凝剂等进行处理

（三）应急处置预案

在冶炼过程中冶炼作业、成品金属作业可能发生重金属渗漏，产生镉含量、铅含量超标。

1.现场应急措施

立即停止冶炼作业；启动引风机，以保证作业场所通风良好，防止与空气形成爆炸性混合物；及时检修，保证设备不再泄漏。

2. 防护措施

现场急救人员应穿戴防护器具。

（四）应急结束

1. 应急终止条件

Ⅱ级响应事件符合下列条件之一的，则符合紧急停止条件：事故现场得到控制，事故情况得到消除；污染源的泄漏或释放在可控范围内，且事件所造成的危害已完全被消除，无继发可能；事件造成的危害已完全清除，无复发可能；事件现场的各种专业应急处置行动无须继续；采取了必要的防护措施以保护公众免受二次危害，并使事件可能造成的中长期影响趋于合理且尽量低的水平；事件发生后产生的污染物全部合理合法处置，对周边环境敏感区不造成影响。

Ⅰ级重金属污染事件，应急终止由上级指挥部根据实际情况研判后决定是否终止。

2. 应急终止程序

突发事件得到控制后，灾害性冲击已被消除，不可能发生次生事件，社会负面影响消减，进入恢复阶段时，启动应急终止程序。

经现场持续跟踪监察后，重金属污染事故已消除或污染源已得到有效控制，主要污染物质指标已达到国家规定标准时，现场应急指挥中心确认终止时机，经现场应急指挥中心核查后，按重金属污染事件的响应级别，下达应急终止命令。

事故救援工作完成后，现场救援总部向各自的专业救援队发出了紧急终止命令；通知相关单位和周边保护目标，事故风险已经解除。现场取证是在恢复现场之前，进行必要的取证工作，并将取证设备移交给事件调查组。

应急状态结束后，应根据有关指示和实际情况进行环境监测和评估，与相关主管部门相配合，对重金属污染事件中长期影响进行评估，提出补救和恢复生态环境的建议。

3. 终止原则

应急终止与应急响应，服从分级原则。当事故救援结束时，班组级事故由站区值班领导发布终止命令；站级由冶炼厂总指挥发布终止命令；站外级由政府指挥人员发布终止命令。

4. 应急终止后的行动

（1）移交的相关事项给事件调查小组。如果事件级别较大，应急终止后，企业应安排专人配合上级事件调查小组进行现场勘查、调查取证、事件分析，需向事件调查小组移交的事项包括重金属污染事件造成的污染情况、危害程度、应急过程中发现的问题等有关重金属污染事件中的相关记录资料。

（2）事件损失调查与责任认定。事件应急结束后，应急指挥部调查事件损失和事件责任，并认定责任，明确损失，得出结论；公布事件调查结果，并对全体职工进行教育，总结经验教训，提高全员环境风险意识以及发现问题、快速处理问题的能力。

（3）直接经济损失调查。指事件直接导致的、事件遏制前已形成的经济损失以及为遏制事件损失扩大而产生的经济损失。直接经济损失包括财产损失、环境资源损失、人员伤亡损失、事件污染控制费用、抢救费用、清理现场费用和事件处理专家的费用等。

（4）间接经济损失调查。指事件遏制后发生的、与事件相关的费用的增加和收入的减少。间接经济损失包括恢复生产费用、恢复环境资源费用、由于事件而支付的违约金、罚金和诉讼费、补充新职工的费用、事件发生后由于事件抢救处理和恢复生产影响工时造成的经济损失、生产能力的降低造成的经济损失、由于事件而使工效降低、企业声誉下降、销量减少造成的经济损失。

（5）事件应急处置工作总结报告。应急终止后，应急指挥部应指定专人总结事件应急工作，编写事件应急总结报告，以便对企业的重金属污染事件应急工作提供良好的实践经验。

总结报告主要从环境事件类型识别及分析、现场调查及环境应急监测、确定污染因子及其源头、应急过程评价、后果评价、污染损失评价、污染事故原因、应急预案启动程序、应急抢险救援的方法和效果、应急终止、善后工作开展情况、后期应急物资补充等方面，针对事件特点总结经验教训，并以此为基础修订应急预案。

（6）应急结束后预案的修订。要全面客观地分析评估重金属污染事件应急工作的成效，找出预防、预警和应急响应等应急救援各个环节中的良好实践和有待改进的方面，制定改进意见并及时组织修订本预案，加以改进完善。

四、事后处理

（一）善后处置

1. 受伤人员的救治

妥善、及时救治受伤人员，协调社会力量，恢复正常生产、生活秩序。

2. 调用物资的清理与补偿

组织物资供应部门对调用物资进行及时清理；清查短缺物资，根据国家政策补偿。

3. 社会救助

整理救助财物，制定发放方案并及时发放；协调保险公司，及时进行保险理赔；制定恢复生产方案，核算并筹集恢复生产所需资金。

4. 原因调查

应急指挥部及相关部门对事故进行调查和取证工作，查明事故原因，确定事故责任，报上级部门。

5. 环境影响评估

委托环境监测、环境评价人员及相关部门或有关专家对重金属污染事件进行污染损失评估。弄清污染状况和污染覆盖面，确定事故的波及范围和影响程度，对事故污染的经济损失进行评估，报上级部门。

重金属污染事件的经济损失一般包括以下几个方面：

自然资源和能源流失的损失；人员生命、健康和劳动力损失；事故清污费用及其他事故处置费用；事故后期环境恢复措施及相关监测费用；其他相关费用。

6. 核查事故赔偿

根据重金属污染事件损失的评估结果和事故调查结果，确定赔偿金额和相应赔偿人员，按法定程序进行赔偿。

（二）调查总结

总结经验教训；表彰应急处置有功人员；对预案实施不力者开展责任调查和责任追究；对造成人为重大损失的按司法程序依法予以追究；依据应急工作及时修订预案。

（三）现场保护措施

突发情况发生后，根据保护事故现场的原则进行现场救援行动，迅速采取必要措施，救援人员和财产。当需要在现场移动物体以帮助伤员、防止事故扩大和疏通交通时，尽可能标记、拍照、记录和绘制事故现场图，并在现场妥善保存重要的痕迹和物证。

现场处置组人员到达现场后，采取的措施也不同。一般情况下，现场处置组人员了解现场事故情况后要立即与应急指挥部取得联系，并根据事故的情节和现场态势，采取相应措施。

第一，划定好事故现场的保护范围，禁止无关人员进入事故现场，防止有关痕迹被破坏。

第二，在抢救人员、物资和救灾排险等救援工作中，应力求做到使原始现场少受破坏，变动的范围越小越好，若有必要变动物品位置时，要记清变更前后的准确特征，并如实向事故调查人员反映。

第三，征得总指挥的同意后再撤销现场保护、清扫事故现场。

在现场救援的同时尽可能保护好生产设备和贵重物品，维护现场秩序，做好事故现场保护工作，上报应急救援中心事故的有关材料，做好善后处置。同时，在重金属污染事件紧急处置后，应急指挥部应组织全站力量及时进行现场清理工作，根据污染事故的特征采取合适的方法清除和收集事故现场残留污染物，防止二次污染。

（四）现场清理措施

根据污染物质的类型与事件造成的影响程度提出相应的清洁净化和恢复方法。清洁净化和恢复的方法通常有以下几种。

1. 稀释

用水、清洁剂、清洗液稀释事故现场和环境中的污染物，并将清洗水排入污水处理系统。

2. 处理

对应急行动工作人员使用过的衣服、工具、设备进行处理。当应急人员从受污染区撤出时，集中处理他们的衣物或其他物品。

3. 物理的去除

使用刷子或吸尘器去除一些颗粒性污染物。

4. 中和

中和通常不直接用于人体，一般可用苏打粉、碳酸氢钠、醋、漂白剂等用于衣服、设备和受污染环境的清洗。

5. 吸附

可用吸附剂吸收污染物，但吸附剂使用后要回收、处理。

6. 隔离

需要全部隔离或把现场和受污染环境全部围起来以免污染扩散，污染物质要待以后处理。

五、奖惩与责任追究

对重金属污染事件的紧急处理实行领导责任制和责任追究制，由应急指挥部按照"谁分管，谁负责"的原则，对协调机构和相关部门，就预案拟定、民众宣传、队伍训练、保障准备、应急处置全过程进行监督检查，并制定明确的奖惩方法。

（一）奖励

在进行重金属污染事故的紧急救援时，发生下列情况之一的单位和个人将根据现行条例得到奖励：①出色地完成了对重金属污染事件作出应急反应的任务，并取得了显著成果；②协助防止或保护重金属污染事件，防止或减少企业和个人的生命和财产损失；③就应急准备和应对事件提出重要建议，并产生重大的执行影响；④还有其他特殊贡献的。

（二）追责

在处理重金属污染事故的紧急工作中，如果根据现行法律和条例发生下列任何行为，将根据损害的情况和后果对有关责任人进行行政处罚，如果犯罪事实成立，司法机关依法追究刑事责任：①不自觉地遵守环境保护法律法规，造成环境事故的；②不按照规章制定重金属污染事故应急计划，拒绝履行重金属污染事故应急准备义务的；③不按照规定报告重金属污染事件的实际情况；④拒绝执行重金属污染事故应急计划，不服从命令和指示，或在事故发生后的应急行动中逃跑；⑤盗窃、挪用应急资金、装备和物资的；⑥阻碍处理环境紧急情况的人员依法履行职责或从事破坏活动的；⑦散布谣言扰乱社会秩序的；⑧其他危害环境事件应急工作的行为。

六、预案评审与发布

（一）预案评估、备案

预案的评审可分为内部评审和外部评审。内部评审主要由冶炼厂组织站内的主要负责人进行评审，外部评审则是由上级主管部门以及其他相关企业单位、生态环境部门、周边群众代表、相关专家等对本预案进行评审。

预案经评审完善后，由冶炼厂主要负责人签署发布，报所在地生态环境局备案。

（二）预案发布与发放

本冶炼厂全过程管理预案经评估后，由总经理签署发布。

应急保障组负责预案的统一管理。负责预案的管理发放，发放应建立发放记录，并及时对已发放的预案进行更新，确保各部门获得最新版本的管理预案；预案应发放给管理机构各成员和各部门主要负责人。

本章小结

依据长江经济带重金属污染复合型风险的特征，梳理了长江经济带重金属污染风险传导的主要过程，确定了计算污染事故发生概率的方法；基于风险全过程理论，分析了长江经济带重金属污染风险全过程管理所面临的挑战，明确了各区域重金属风险全过程管理策略；以赣北某化工厂为研究对象，研究构建了区域范围内重金属污染风险事前、事中、事后的管理措施及应急预案。

第七章　基于演化博弈的重金属污染风险防范仿真分析

长江经济带涉及11个省，近百个相邻县市区，重金属污染风险防范各参与主体间存在多种不平衡矛盾。当前，重金属污染防治存在最大的现实性问题在于相关利益主体间的利益冲突，解决长江经济带重金属污染的问题首要辨析各方主体的利益诉求、利益冲突及利益行为选择，在此基础上做好各行为主体间的博弈，并推动风险防范协同机制的构建。

第一节　重金属污染风险防范演化博弈及其目的

重金属污染风险防范演化博弈行为主体间存在行动、信息、策略、支付、结果和均衡等关键要素，见表7-1，为长江经济带重金属污染风险防范主体间博弈提供基本元素支撑 [152]。

表7-1　博弈要素

要素	具体表现
行动	行动是局中人在博弈中某一点的决策变量
信息	信息是局中人有关博弈的知识，特别是有关"自然"的选择、其他局中人的特征、行动以及支付函数等方面的知识
策略	策略是局中人选择行动的规则，是指局中人的"相机行动方案"
支付	支付是指在一个特定的策略组合下局中人得到的确定效用水平或期望效用水平
结果	结果是指博弈分析者在博弈进行后，从行动、收益与别的变量的数值中取得的一组感兴趣的要素组合
均衡	均衡是指所有局中人的最优策略的组合

一、演化博弈方法

长江经济带重金属污染风险防范的演化博弈分为三个环节：博弈策略的选择、博弈主体的复制动态和演化策略的均衡分析。

第一，博弈策略的选择。博弈参与群体受到信息不充分、有限理性等的限制，博弈参与个体会选择能够正好实现其利益最大化的策略，并且每个可供选择的策略都存在一定比例的个体选择。

第二，博弈主体的复制动态。利益不均的个体往往会改变最初的策略，选择可以实现利益最大化的策略。从而选择不同策略的个体比例就会发生变化，出现博弈策略的动态演化过程。

第三，演化策略的均衡分析。经过多轮模仿和学习，参与博弈的全部个体放弃修正自己的策略选择行为，结束博弈。所有个体都能找到使自己利益最大化的策略，不同博弈群体的策略组合是局部稳定演化博弈的策略，局部稳定策略可以为一个，也可以是多个。

事实上，由于重金属污染风险防范工作涉及的利益相关者众多，其大多为有限理性，其行为决策受到外部环境与其他利益相关者的影响，容易产生利益冲突与博弈关系，导致重金属污染风险防范通常是一项长期、动态且复杂的过程[153-154]。此外，由于很难完全获取其他利益相关者的全部行为和决策信息，也很难实现既定的利益目标，但这些利益相关者都掌握一定的学习技能，可以在不断地模仿与学习中纠正自己的错误，逐步调整自己的策略，实现自身利益最大化。

二、污染行为博弈分析的目的

构建动态博弈模型，并通过有效分配长江经济带内多个利益相关者的污染治理成本，制定联合治理策略。基于地方政府的监督和市场竞争分析利害关系方的参与过程，发挥政府监督引导作用[155]。基于地方政府、排污企业与受害者的行为策略和利益取向，分析不同利益相关者之间的利益冲突，分析运用补贴处理排污方造成的外部性问题，设计应对方案规避现实中的合谋行为和道德风险等，为中央和地方政府有效解决重金属污染问题提出均衡方案。

目前，长江经济带重金属污染的风险主要由于协调机制不完善而难以防范。

中央对地方政府的权力下放制度是重金属污染的一个重要外部刺激因素[156]。地方政府和中央政府之间的行为目标不一致，使环境监测难以取得最佳结果，各地方政府不仅要向减排企业提供补贴等激励措施，鼓励企业主动控制污染，还要向环境监管机构提供适当的激励措施，督促他们更好地履行监管职责，缺乏系统保障将使地方政府在与涉重金属企业博弈时处于不利地位[157]。此外，针对跨界污染问题，运用演化博弈理论，制定相对全面的费用分摊计划，为地方政府共同解决跨区域污染问题提供新方案。

第二节　污染行为主体博弈关系

一、污染行为主体

长江经济带的重金属污染防治工作主要由中央政府、区域地方政府、属地涉重金属企业、媒体、非政府组织和居民等利益相关者等主体共同完成[158]。其中，中央政府是治理重金属污染的发起者和环境控制标准的制定者，主要有环保部、土地资源管理部及土地环境管理部门等。区域地方政府包括省、市、县、镇等各级政府，是政策的真正执行者。涉重金属企业主要包括各种涉及重金属的工业、农业等企业，其作为重金属污染物的主要排放者，是政府开展重金属污染防治工作的主要监督对象[159]。居民、媒体和非政府组织都是重金属污染的受害者，其中非政府组织和媒体是传播法律知识和保护受害者的重要组织，并拥有丰富的环境信息，是控制重金属污染的重要参与者[160]。为了简化模型，这些利益攸关方与公众合并，各利益相关者的行为共同影响着重金属污染防治的实际效果，如图7-1所示。

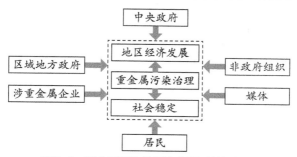

图7-1　重金属污染治理中主要利益相关者

二、利益目标

长江经济带重金属污染风险防范的最大挑战是识别并处理利益相关者之间的利益冲突。中央政府作为防范重金属污染风险的总负责，根据国家总体利益和长期策略计划制定科学严格的重金属污染风险预防计划；区域地方政府执行中央政府制定的环保政策，控制重金属的地方污染，严格监督环境标准的落实情况和约束企业污染环境行为，并及时向中央政府提供地方环境的治理状况和其他信息，但是地方政府是一个相对独立的主体，主政者在面对升迁与绩效考核压力时，为了最大限度地扩大自身利益，有选择地执行中央政府的政策，甚至不惜牺牲环境来发展地方经济，致使地方政府在处理重金属污染方面有双重行为，具体工作中会根据实际情况权衡利弊，并选择相应的行为策略[161]；涉重金属企业进行生产经营活动目的在于实现自身利益最大化；公众作为重金属污染的受害者，其行为目标相对单一，在遭到环境污染的不利影响时，其往往寻求各种方式来保护自身的合法权益。

三、利益关系

中央政府授权和指导地方政府监管企业与保护环境，同时监督地方政府政策的执行，基于地方政府的业绩奖励或惩罚地方政府，鼓励地方政府严格执行环境政策，控制重金属污染[162]。中央政府利用公公和媒体等各种渠道广泛听取意见，获取全面的信息，降低与地方政府信息不对称的程度，减少地方政府有选择性执行，甚至不执行中央政策的行为[163]。中央政府制定环境政策时，会受到企业、公众、地方政府、其他主权国家或国际舆论等其他利益相关者的影响，如图7-2所示。

长江流域各省市地方政府必须执行中央政府的环境政策，制定

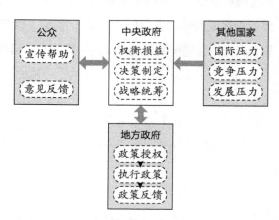

图7-2　中央政府与其他利益者之间的利益关系

严格的环境监测标准，向公众披露重金属污染事件，严厉惩罚违规企业，有效解决地方污染问题[164]。但是，如果环境监测标准过于严格，一些企业将迁往其他地区，不仅会造成地方政府税收流失，影响地方经济发展，还会减少就业机会，对当地居民的职业发展产生不利影响。

与此同时，地方政府还面临着以地方经济发展为重点的绩效评估压力，以及邻近地区在人才、资本和产业等方面的激烈竞争。为此，他们可能有选择地执行环境政策，放宽对污染企业的管制标准，降低环境壁垒，甚至可能与污染企业合谋掩盖重金属污染的信息，但如果被中央政府查明，中央政府将对地方政府进行严厉惩罚[165]。因此，地方政府参与重金属污染风险防范的行为决定受到许多其他利益主体的行为影响，包括中央政府、企业、邻近区域政府和社会大众，如图7-3所示。

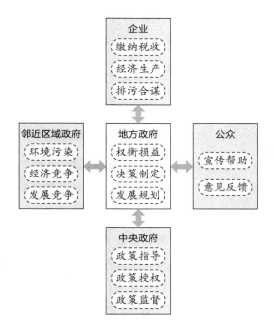

图7-3 地方政府与其他利益者之间的利益关系

在利益关系分析中，各类涉重金属企业作为生产者，参与各行业的生产活动以创造经济价值，并向政府缴纳一定比例的税收和费用，有助于地方经济发展，并提供多元化的就业机会，承担社会责任，促进社会和谐发展[166]。

企业除了产品在商品市场上面临同类企业的激烈竞争，还需要满足政府的发展规划和环保要求，同时还受到公众和其他社会团体组织的监督，承担社会责任。因此，参与防范长江经济带重金属污染风险的企业行为策略受到政府、公众和竞争者等许多其他利益主体的影响，如图7-4所示。

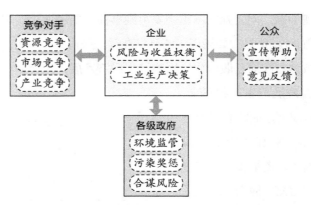

图7-4　企业与其他利益者之间的利益关系

　　社会大众是重金属污染治理的重要参与者和受害者，直接面临重金属污染的危害[167-168]。作为弱势群体，承担着污染外溢效应，却无法参与企业生产经营的利润分配，公众的目的只是保护自己的居住环境，在财产受到损失时获得一定数额的补偿。此外，由于信息不对称现象，中央政府和地方政府可能无法及时获取真实的环境信息，需要社会大众通力合作监督企业排污行为，及时向政府提供信息。公众可以有效地培养其法律能力，通过合法手段维护自己的合法利益。在控制重金属污染过程中，公众的行为决定受到政府、企业等其他利益相关者的影响[169]，如图7-5所示。

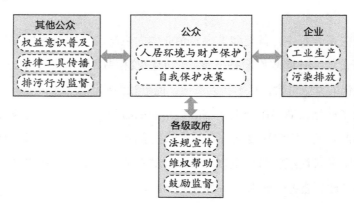

图7-5　公众与其他利益者之间的利益关系

四、行为分析

（一）企业的行为分析

1. 企业利益最大化诉求

研究发现，企业追求利益最大化而进行污染物排放是导致土地、水资源遭受重金属污染的直接原因[170]。中华人民共和国生态环境保护部公布的2009年湖南浏阳镉污染事件中，浏阳市镇头镇的长沙湘和化工厂为节约生产成本，将废渣、废水、原材料等堆积，造成污染物渗漏，致使工厂周边5 000 m范围内的土壤、井水和地表灌溉水的镉含量超标。

生产者行为的社会成本等于生产者成本与生产者行为的外部成本之和，其中生产者成本指生产者在从事生产活动时支付的各项成本，不仅包括生产者成本，还包括一些非生产者（比如消费者）所承担的成本[171]。因为企业在从事生产活动过程中的排污行为会对周围环境产生负面影响，所以企业排污行为所造成的社会成本大于生产者成本，即企业排污所造成的后果需要同其他社会主体和环境一起承受。根据经济学理论中的边际分析方法，边际社会成本等于边际私人成本与边际外部性成本之和，以生产者角度决定的最优产量大于从社会角度决定的最优产量，导致生产者过量生产，从而加大污染物的排放，当污染物排放量超出生态环境可容纳的程度时就容易形成重金属污染[172]。

2. 企业主动治污动力的缺乏

为了防止重金属污染的风险，企业作为受管制方应认真贯彻落实国家环境标准，以减少环境污染。然而实际上，若没有监管机构，企业就没有控制污染的动力[173]。2006年，华北地区最大淡水湖白洋淀接连发生大面积死鱼，经调查，事故起因于保定市及有关县市区的污水处理厂的消纳废水能力不足、满城县造纸厂偷排漏放、部分企业环保意识薄弱并不断进行污染物排放等。因此在没有外部制约的情况下，企业缺乏积极控制污染的动力，运用演化博弈模型论证该结论。

假设1：两个企业博弈，其处于同一地区，规模相当，结构类似，并都在生产过程中对环境造成污染，同时面临两种策略选择，即"治理"重金属污染与"不治理"重金属污染。因此就存在四组博弈的组合策略，即（治理，治理）；（治理，不治理）；（不治理，治理）；（不治理，不治理）。

　　假设2：如果两个企业都选择不治理策略，根据实际情况，两个企业的生产收益都为100，但同时对企业生产环境、员工健康等方面造成的损失为20；如过企业选择治理，需要治理成本40，但可以因为环境状况的改善得到收益10。两个企业在选择不同策略时的收益矩阵见表7-2。

表7-2　两个企业的收益矩阵

		企业 B	
		治理	不治理
企业 A	治理	70；70	70；110
	不治理	110；70	80；80

　　根据表7-2可知，当企业 A 选择"治理"策略时，企业 B 选择"治理"策略的收益是70，选择"不治理"策略的收益是110，所以企业 B 一定会选择"不治理"策略；当企业 A 选择"不治理"策略时，企业 B 选择"治理"策略的收益是70，选择"不治理"策略的收益是80，所以企业 B 一定会选择"不治理"策略。因此无论企业 A 选择哪一个策略，企业 B 的最佳选择都是"不治理"策略。认为该利益矩阵是对称的，所以同理，无论企业 B 选择"治理"策略还是选择"不治理"策略，企业 A 的最佳选择也是"不治理"策略。所以该博弈存在纯策略纳什均衡（不治理，不治理），即两个企业都会选择"不治理"策略。这个结果针对企业个体来看是理性的，但是从全局来看会产生严重后果，存在"囚徒困境"。排污企业需要对当地水和土壤资源重金属含量过高负责，同时也可能对企业员工造成身心伤害，不利于企业的长期发展。但是，在污染控制问题上，当地所有企业都一贯保持观望态度。这就是为什么重金属污染事件在我国许多地区长期存在，难以全面解决的原因。由于企业作为经济理性人，没有积极控制污染的动力，同时地方政府的监督不力也助长了企业的不作为。因此，要正确解决污染问题，仅靠企业的自我意识是不够的，必须引进地方政府进行严格监督，以便提高企业控制重金属污染的积极性，避免形成"囚徒困境"。

（二）地方政府的行为分析

1.地方政府追求地方经济发展的最大化和领导人升迁的便利化

　　对地方政府的行为选择分析从其政治诉求和经济发展两方面综合考虑。在政治诉求方面，我国地方政府负责人的晋升取决于治理绩效[174]。目前的考绩制度是以衡量当地经济发展水平为基础的，尽管《中华人民共和国环境保护法》明文规定地方政府有责任保护当地环境，但因其在评估业绩方面面临巨大压力，受到短期行为的影响，可能会牺牲生态环境来换取经济发展[175]。

在经济发展方面，地方政府作为一个独立的经济体，有选择地执行中央政策，以便最大限度地实现自身利益。因此，地方政府可能无法准确预防重金属污染风险。

2. 相邻地方政府间难达成横向合作关系

当这两个地区都为污染制造者时，可以假设地方政府 A 和地方政府 B 都有两种策略，即积极治理本地区的重金属污染（以下简称"治理"），或者消极治理本地区的重金属污染（以下简称"不治理"）。其中地方政府 A 或者地方政府 B 采取"治理"策略不仅会改善本地区的环境状况，还会给相邻地区带来正外部性，给相邻地区的政府带来收益。而地方政府 A 或者地方政府 B 采取"不治理"策略不仅会恶化本地区的环境状况，还会给相邻地区带来环境负外部性，给相邻地区的政府造成损失。因此地方政府 A 或地方政府 B 采取"治理"策略还是"不治理"策略就取决于这两个地方政府的博弈结果。表7-3显示了博弈模型的参数含义及其赋值，赋值根据现实情况进行合理估计，且地方政府 A 和地方政府 B 存在区域上差异性，赋值存在不同。表7-4、表7-5描述了地方政府 A 和地方政府 B 在不同策略下的收益矩阵。

表7-3 地方政府 A 和地方政府 B 博弈模型参数含义及其赋值

参数	含义	赋值
E_A	地方政府 A 治理污染时自身获得的正面影响	35
E_B	地方政府 B 治理污染时自身获得的正面影响	30
C_A	地方政府 A 治理污染的成本	100
C_B	地方政府 B 治理污染的成本	95
$\hat{E}_A$	地方政府 A 不治理污染时，对地方政府 B 的负面影响	40
$\hat{E}_B$	地方政府 B 不治理污染时，对地方政府 A 的负面影响	35
α	地方政府 A 对相邻的地方政府 B 的外部性系数（A 对 B 的污染影响程度），$0<\alpha<1$	0.3
β	地方政府 B 对相邻的地方政府 A 的外部性系数（B 对 A 的污染影响程度），$0<\beta<1$	0.3

表7-4　地方政府 A 与地方政府 B 的博弈收益矩阵1

		地方政府 B	
		治理	不治理
地方政府 A	治理	$-C_A+E_A+\beta E_B$；$-C_B+E_B+\alpha E_A$	$-C_A+E_A+\beta \hat{E}_B$；αE_A
	不治理	βE_B；$-C_B+E_B+\alpha \hat{E}_A$	$-\beta \hat{E}_B$；$-\alpha \hat{E}_A$

表7-5　地方政府 A 和地方政府 B 的博弈收益矩阵2

		地方政府 B	
		治理	不治理
地方政府 A	治理	−56；−54.5	−54.5；10.5
	不治理	9；−53	−14；−12

根据表7-5可知，当地方政府 A 选择"治理"策略时，地方政府 B 选择"治理"策略的收益是 −54.5，选择"不治理"策略的收益是10.5，所以地方政府 B 一定会选择"不治理"策略；当地方政府 A 选择"不治理"策略时，地方政府 B 选择"治理"策略的收益是 −53，选择"不治理"策略的收益是 −12，所以地方政府 B 一定会选择"不治理"策略。因此无论地方政府 A 选择哪一个策略，地方政府 B 的最佳选择都是"不治理"策略。其次，当地方政府 B 选择"治理"策略时，地方政府 A 选择"治理"策略的收益是 −56，选择"不治理"策略的收益是9，所以地方政府 A 一定会选择"不治理"策略；当地方政府 B 选择"不治理"策略时，地方政府 A 选择"治理"策略的收益是 −54.5，选择"不治理"策略的收益是 −14，所以地方政府 A 一定会选择"不治理"策略。因此，无论地方政府 B 选择"治理"还是选择"不治理"策略，地方政府 A 的最佳选择都是"不治理"。这个结果针对地方政府个体是理性的，但从全局来看并不是理性的选择，会导致土地重金属污染不断严重。可见，在没有外界因素的约束和引导下，地方政府间关于重金属污染风险防范问题很难形成合作。

若这两个地区一个是排污方，另一个是受害方时，排污地区政府治理污染需要得到一定的经济补偿，以维持排污地区治理污染的动力 [176]。那么排污地区政府可以选择"治理"或者"不治理"策略。受害地区政府可以选择"积极"或"消极"策略，其中"积极"策略就是对排污地区政府提供补偿，而"消极"策略就是不对排污地区政府提供补偿。存在4种可能的博弈策略组合，即（治理，积极），

（治理，消极），（不治理，积极）和（不治理，消极）。表7-6显示了博弈模型的参数含义及其赋值，赋值根据现实情况进行合理估计，且排污地区政府和受害地区政府存在区域上差异性，赋值存在不同。表7-7、表7-8描述排污地区政府和受害地区政府在不同策略下的收益矩阵。

表7-6 排污地区政府和受害地区政府的博弈模型参数含义及其赋值

参数	含义	赋值
γ	排污地区对受害地区的外部性系数（排污地区对受害地区污染的影响程度）	0.6
B	受害地区政府给排污地区政府治理污染的补偿	20
C	排污地区政府治理污染的成本	50
R	排污地区政府治理污染时自身获得的正面影响	10
S	排污地区政府不治理污染时对自己带来的负面影响	30

表7-7 排污地区政府和受害地区政府的博弈收益矩阵1

		受害地区政府	
		积极	消极
排污地区政府	治理	$-C+R+B$；$\gamma R-B$	$-C+R$；γR
	不治理	$-S+B$；$-\gamma S-B$	$-S$；$-\gamma S$

表7-8 排污地区政府和受害地区政府的博弈收益矩阵2

		受害地区政府	
		积极	消极
排污地区政府	治理	-20；-14	-40；6
	不治理	-10；-38	-30；-18

根据表7-8，当排污地区政府选择"治理"策略时，受害地区政府选择"积极"策略的收益是-14，选择"消极"策略的收益是6，所以受害地区政府一定会选择"消极"策略；当排污地区政府选择"不治理"策略时，受害地区政府选择"积极"策略的收益是-38，选择"消极"策略的收益是-18，所以受害地区政府一定会选择"消极"策略来应对污染带来的影响。

此外，当受害地区政府选择"积极"策略时，排污地区政府选择"治理"消极的收益是-20，选择"不治理"策略的收益是-10，所以排污地区政府一定会选择"不治理"策略；当受害地区政府选择"消极"策略时，排污地区政府选择

"治理"策略的收益是 −40，选择"不治理"策略的收益是 −30，所以排污地区政府一定会选择"不治理"策略。因此无论受害地区政府选择"积极"还是"消极"策略，排污地区政府的最佳选择都是"不治理"策略。所以该博弈存在纯策略纳什均衡（不治理，消极）。这个结果从个体来看是理性的选择，但是对全局来说并不理性，会导致土地重金属污染不断严重。再次证明若没有外界因素的约束和引导，地方政府之间关于重金属污染风险防范问题很难形成合作。

（三）中央政府的行为分析

中央政府的目标是在全国各地对经济、社会、生态、文明和其他领域发展进行宏观调控，以提高公民满意度和幸福感[177]。中央政府不会因为过分追求经济发展利益而牺牲生态环境、破坏社会稳定。从经济角度来看，中央政府在处理区域之间或企业与公众之间重金属污染方面没有外部性，保护生态环境、治理重金属污染与全国整体的环境质量水平、国家长远的经济发展和社会稳定紧密相关。因此，当中央政府面临重金属污染问题时，将迅速制定严格的环境标准，并采取有效的对策，以便顺利解决重金属污染问题。制定合理的经济发展计划、实现土地和其他资源的可持续利用、保护生态环境，是确保中央财政收入稳步增长的基础。因此，中央政府不会为了短期收益而牺牲生态环境利益，并有明确的目标来解决土地重金属污染问题：积极控制污染，修复土地，保护生态环境，实现土地资源的可持续利用。

（四）公众的行为分析

公众是重金属污染事故的受害者，有强烈的动机通过适当的方式来保护自身利益[178]。长期以来，长江流域内的公众在重金属污染防范中一直处于被动地位，部分原因是公众对环境保护的认识不足，同时也因为环境信息披露、环境事件溯源和环境治理行动不够及时、准确和完整。对公众的行为分析可以通过演化博弈模型进行推导[179]。

假设：有两个公众个体 A 和 B，其因重金属污染导致财产损失后面临两种可供选择的行为策略，即"上诉"与"不上诉"，则博弈组合策略为（上诉，上诉）；（上诉，不上诉）；（不上诉，上诉）；（不上诉，不上诉）。假设当公众 A 和公众 B 都采取"不上诉"的策略，那么两个公众都会受到企业造成的重金属污染所带来的

损失 −30；当公众 A 和公众 B 都采取"上诉"策略，那么他们的上诉成功的概率为0.5，可以获得企业的赔偿100，但是都需要支付上诉成本20；当公众 A 采取"上诉"策略，而公众 B 采取"不上诉"策略时，那么公众 A 就需要独自支付上诉成本20，反之则是公众 B 独自支付上诉成本20。所以他们在不同策略组合下的收益矩阵见表7-9。

表7-9　公众 A 与公众 B 的博弈收益矩阵

		公众 B	
		上诉	不上诉
公众 A	上诉	50；50	50；−30
	不上诉	−30；50	−30；−30

当公众 A 选择"上诉"策略时，公众 B 选择"上诉"策略的收益为50，选择"不上诉"策略的收益是 −30，所以公众 B 一定会选择"上诉"策略；当公众 A 选择"不上诉"策略时，公众 B 选择"上诉"策略的收益是50，选择"不上诉"策略的收益是 −30，所以公众 B 会选择"上诉"策略。由于该利益矩阵是对称的，同理可知当公众 B 选择"上诉"策略时，公众 A 的最佳选择是"上诉"策略；当公众 B 选择"不上诉"策略时，公众 A 的最佳选择是"上诉"策略。所以该博弈存在一个纳什策略均衡（上诉，上诉），即当其中一个公众选择"上诉"策略时，另外一个公众肯定选择"上诉"策略来维护自身权利。如果没有强有力的外部引导和鼓励，公众很难形成有效的合作联盟来保护其合法权益。因此有必要通过调整外部因素提高公众主动提出上诉的积极性。

五、博弈关系分析

（一）政府与企业的纵向博弈关系

当长江流域地方政府作为监管者与涉重金属企业博弈时，地方政府的职责是执行中央政府的环境政策，落实环境标准，严格管制排污企业。企业作为重金属污染物的主要制造者，为地方政府的监管对象。

博弈涉及的主要问题就是企业选择治理污染的行为策略，作为经济理性人的企业主体不愿意承担污染处理的成本，但是逃避治理又将受到地方政府的惩罚，对企业产生负面影响。地方政府要承担监管活动的费用，如果履行职责会得到上级政府的奖励，在惩治排污企业时也能取得一定的经济收入。

企业的博弈重点在其采取主动治理污染策略时能否实现成本和收益之间的平衡，地方政府的博弈重点在其采取严格监管策略时能否实现成本和收益之间的平衡。当地方政府作为合谋者与企业进行博弈时，由于面临官员晋升与政绩考核等压力，有选择地执行中央政府的政策，牺牲环境发展地方经济，以最大限度实现自身利益。企业为了减少因严格的环境制度造成的损失，会利用贿赂等方式积极开展与地方政府的合作，一旦两者形成合谋关系，重金属污染情况将不断加重。为避免发生这种情况，推动长江流域地方政府防范重金属污染风险，需要中央政府介入监督，查明地方政府是否与企业存在合谋，一旦查实，中央政府将会对地方政府进行严厉惩罚。

（二）相邻地方政府间的横向博弈关系

当长江流域相邻地区的两个地方政府进行博弈时，由于两个地区的环境状况都会受到相邻地区影响，所以在行为决策时这两个地方政府都会受到对方决策的影响。

假设：两个地区都是排污者，其都有责任接受中央政府的指导，尽最大努力控制重金属污染。采取污染控制策略的地方政府将受益于环境的改善和中央政府的奖励，为邻近的区域政府带来了积极的外部因素，但同时它们也必须承担污染控制的费用。如果不采取污染控制策略，就会因土地环境恶化而受到中央的惩罚，给周边地区带来负外部影响。因此，两个地方政府之间博弈的目的是，它们是否能够通过积极采取污染控制策略来实现成本与效益之间的平衡。

假设：其中一个地区是排污者，另一个地区是受害者，排污地区政府必须从受害地区政府获得一定的财政补偿以维持排污地区控制污染的动力，同时得益于土地环境的改善，为邻近的区域政府带来积极的外部因素，但需要承担控制污染的费用。如果不采取污染控制策略，将对邻近的区域政府产生不利的外部影响。但受害地区政府可以通过上诉捍卫其合法利益，排污地区政府将受到中央政府的惩罚。对于排污地区的政府来说，它可以采取积极应对策略来补偿受污染地区的政府，也可以采取消极应对策略，即不赔偿受污染地区的政府，但可能面临惩罚和信誉受损等损失。因此，污染排放地区政府的博弈目标是，它们在采取积极的污染控制策略时是否能够实现成本与效益之间的平衡，而受影响地区政府的博弈目标则是它们在上诉过程中是否能够实现成本与效益之间的平衡。

第三节　政府、企业与公众纵向演化博弈分析

构建演化博弈模型，分析演化博弈稳定策略的形成条件，并针对污染反弹、地方政府与企业合谋及公众参与度低等问题提出有效的监管策略，通过模拟分析验证策略的有效性。

一、地方政府与企业之间的演化博弈与风险防范模式优化

构建包含长江流域地方政府与涉重金属企业污染风险预处理行为策略的演化博弈模型，分析地方政府作为重金属污染调控者与企业之间博弈的演变以及博弈演化稳定的策略。并分析影响博弈系统演化稳定的因素，以激励企业开展预处理工作，防止环境重金属污染事件的发生，构建系统动力学仿真模型进行分析，优化地方政府现有监管策略，为排污企业主动治理污染提供更好的激励措施。

二、博弈模型的假设与构建

博弈模型中的两个参与者：地方政府和排污企业。企业有两种选择策略：向环境中非法排放工业"三废"（以下简称"违规"）或经过必要清洁工艺后向环境中排放废物（以下简称"预处理"）。其中，企业采用的"违规"策略是指企业不遵守现行法规，直接向环境排放污染物，破坏周围生态环境；企业采用的"预处理"策略是指企业遵守现行法规，经过必要的预处理过程后将废物排放到周围环境中，从而大大减少对环境造成的损害[180]。地方政府采取两种策略：监督非法排污企业（以下称"监管"）或不监督非法排污企业（以下称"不监管"）。其中，地方政府采取的"监管"策略是指地方政府履行自己的职责，监督企业是否违反规定排放污染物，如果发现有违规行为，企业将受到惩罚，并要求其在排放废物之前采取必要的处理措施；相反，地方政府采取的"不监管"策略意味着地方政府不履行职责，也不监督企业排放污染物的行为，导致重金属污染。表7-10列出了地方政府和企业之间的博弈策略组合。

表7-10 地方政府和企业之间的博弈策略组合

		企 业	
		预处理	违规
地方政府	监管	（监管，预处理）	（监管，违规）
	不监管	（不监管，预处理）	（不监管，违规）

在此过程中，地方政府与企业的行为选择参数及含义如表7-11所示。

表7-11 博弈模型的参数及其含义

参数	含 义
A	公司生产收入
B	企业因环境退化而遭受的损失
C	废物预处理成本
E	地方政府奖励企业采取"预处理"策略
F	地方政府对"违规"的企业进行处罚
G	监测地方政府的费用
H_1	重金属污染对地方政府的负面影响
H_2	重金属污染对企业的负面影响
H_3	奖励地方政府积极履行保护环境的监督职责

假设：博弈开始阶段，地方政府选择"监管"策略的概率是 x（$0 \leq x \leq 1$），那么选择"不监管"策略的概率为 $1-x$；企业选择"预处理"策略的概率是 y（$0 \leq y \leq 1$），那么选择"违规"策略的概率为 $1-y$。在博弈的过程中，每个参与者选择某个策略的概率都在不断变化，在博弈的每个周期，地方政府选择"监管"策略的概率 x 是在不断变化的，企业选择"预处理"策略的概率 y 也是在不断变化的。表7-12描述了地方政府与企业在不同策略下的收益矩阵。

表7-12 地方政府与企业之间的博弈收益矩阵

		企业	
		预处理（y）	违规（$1-y$）
地方政府	监管（x）	H_3-G, $A-C+E$	$F-G-H_1$, $A-F-H_2-B$
	不监管（$1-x$）	0, $A-C$	$-H_1$, $A-B$

根据利益矩阵及表达式，如果地方政府选择"监管"策略，而企业选择"预处理"策略，那么地方政府的收益就是 H_3-G，这是因为地方政府虽然承担了监管成本 G，但是也因为其积极履行职责而得到上级政府的奖励 H_3；企业因为保护了土地环境，得到了生产收益 A 和奖励 E，同时承担了废弃物预处理成本 C，因此企业获得的收益是 $A-C+E$。当地方政府选择"监管"策略，企业选择"违规"策略时，那么地方政府的收益就 $F-G-H_1$，因为地方政府查明了企业污染土地环境的事实，获得了来自企业的罚金 F，同时因地方政府的声誉损失 H_1，以及承担了监管成本 G；此时企业的收益是 $A-F-H_2-B$，这是因为企业在获得生产效益 A 的同时损失了企业的声誉 H_2，承受了环境状况恶化的负面影响 B 以及来自地方政府的处罚 F。如果地方政府选择"不监管"策略，企业选择"预处理"策略，那么地方政府的收益就是0；这时候企业的收益就是 $A-C$，因为地方政府没有来检查，因此即使保护了土地环境也不能得到奖励。相反，如果此时企业选择"违规"策略，那么地方政府的收益就是 $-H_1$，企业的收益就是 $A-B-H_2$，因为企业污染环境给地方政府造成负面影响，带来了损失 $-H_1$；同时企业也要承受重金属污染给自身带来的损失 B 和重金属污染对企业的负面影响 H_2。

根据现实情况可知，当地方政府采取"监管"策略时，企业选择"预处理"策略的收益大于选择"违规"策略的收益，即 $A-C+E>A-F-H_2-B$，因此可以推导出 $E+F+H_2+B-C>0$。当地方政府采取"不监管"策略时，企业选择"预处理"，策略的收益小于选择"违规"策略的收益，即，因此可以推导出 $B-C<0$。为了促进地方政府履行监管的职责，可以假设无论企业选择"预处理"策略还是选择"违规"策略，地方政府都会选择"监管"策略，即 $H_3-G>0$，$F-G-H_1>H_1$，可以推导出 $F-G>0$。

三、演化策略博弈分析

分别计算地方政府和企业演化策略的复制动态方程，分析整个博弈系统的演化稳定策略，并分析得到博弈系统演化稳定的影响因素。

（一）地方政府策略的演化分析

在做演化博弈分析之前，需要计算博弈参与者在选择不同策略情况下的期望收益，以及所有策略的平均收益。首先计算地方政府选择"监管"策略的期望收益：

$$U_1=y(H_3-G)+(1-y)(F-G-H_1) \tag{7-1}$$

然后再计算地方政府选择"不监管"策略的期望收益：

$$U_2 = y \times 0 + (1-y)(-H_1) \tag{7-2}$$

因此地方政府选择"监管"策略的复制动态方程如下：

$$\frac{\mathrm{d}x}{\mathrm{d}t} = F(x) = x(U_1 - \bar{U}) = x(1-x)(U_1 - U_2)$$

$$= x(1-x)\big[(H_3 - F)y + F - G\big] \tag{7-3}$$

式中，$\bar{U}$ 表示地方政府选择"监管"策略和"不监管"策略的平均期望收益，$\mathrm{d}x/\mathrm{d}t$ 表示地方政府选择"监管"策略的概率随着时间推移的动态变化速率。

令 $F(x)=0$，可以得到该复制动态方程有三个可能的均衡点，即 $x_1=0$，$x_2=1$，以及 $y=(F-G)/(F-H_3)$。值得注意的是，当 U_1 大于 U_2 时，地方政府才会选择"监管"策略，这时候应该满足 $y < (F-G)/(F-H_3)$。即当 $y < (F-G)/(F-H_3)$ 时，地方政府才会选择"监管"策略。

（二）企业策略的演化分析

首先计算企业选择"预处理"策略的期望收益：

$$V_1 = x(A-C+E) + (1-x)(A-C) \tag{7-4}$$

再计算企业选择"违规"策略的期望收益：

$$V_2 = x(A-F-H_2+B_1) + (1-x)(A-B-H_2) \tag{7-5}$$

因此企业选择"预处理"策略的复制动态方程为：

$$\frac{\mathrm{d}x}{\mathrm{d}t} = F(y) = x(V_1 - \bar{V}) = y(1-y)(V_1 - V_2)$$

$$= y(1-y)\big[(H_3 + F + E)x + B - C\big] \tag{7-6}$$

式中，$\bar{V}$ 表示企业选择"预处理"策略和"违规"策略的平均期望收益，$\mathrm{d}x/\mathrm{d}t$ 表示企业选择"预处理"策略的概率随着时间推移的动态的变化速率。

令 $F(y)=0$，可以得到该复制动态方程有三个可能的均衡点，分别是 $y_1=0$，$y_2=1$，$x=(C-B)/(E+F+H_2)$。值得注意的是，当 V_1 大于 V_2 时，企业才会选择"预处理"策略，这时候应该满足条件 $x > (C-B)/(E+F+H_2)$。即当 $x > (C-B)/(E+F+H_2)$ 时，企业才会选择"预处理"策略。

（三）演化博弈的进一步分析

结合地方政府和企业的策略复制动态方程，构建演化博弈系统方程，见公式

（5-7）。

　　求出该博弈系统可能的均衡点及其稳定性，分析各参数的变化对博弈系统稳定性的影响及调整各参数使博弈系统收敛到理想的均衡。

$$\begin{cases} \dfrac{\mathrm{d}x}{\mathrm{d}t} = F(x) = x(1-x)\big[(H_3 - F)y + F - G\big] \\ \dfrac{\mathrm{d}x}{\mathrm{d}t} = F(y) = y(1-y)\big[(H_3 + F + E)x + B - C\big] \end{cases} \quad （7\text{-}7）$$

　　令 $F(x) = F(y) = 0$，可知该演化博弈系统有四个可能的均衡点，即 $A(0,0)$；$B(1,0)$；$C(0,1)$；$D(1,1)$。另外，还有一个中心点 $E(x^*, y^*)$，其中 $x^* = (C-B)/(E+F+H_2)$，$y^* = (F-G)/(F-H_3)$。该博弈系统的雅克比矩阵如下：

$$\boldsymbol{J} = \begin{bmatrix} \dfrac{\partial F(x)}{\partial x} & \dfrac{\partial F(x)}{\partial y} \\ \dfrac{\partial F(y)}{\partial x} & \dfrac{\partial F(y)}{\partial y} \end{bmatrix} \quad （7\text{-}8）$$

　　其中：

$$\begin{cases} \dfrac{\partial F(x)}{\partial x} = (1-2x)\big[(H_3 - F)y + F - G\big] \\ \qquad \dfrac{\partial F(x)}{\partial y} = x(1-x)(H_3 - F) \\ \dfrac{\partial F(y)}{\partial x} = (1-2y)\big[(E + F + H_2)x + B - C\big] \\ \qquad \dfrac{\partial F(y)}{\partial y} = y(1-x)(E + F + H_2) \end{cases} \quad （7\text{-}9）$$

　　计算出该矩阵的行列式（$\det J$）和（$\mathrm{tr}J$）。

$$\det J = (1-2x)(1-2y)[(H_3-F)y+F-G][(E+F+H_2)x+B-C] - $$
$$xy(1-x)(1-y)(H_3-F)(E+F+H_2) ;$$

$$\mathrm{tr}J = (1-2x)[(H_3-F)y+F-G] + (1-2y)[(E+F+H_2)x+B-C] \quad （7\text{-}10）$$

　　在二维坐标平面的第一象限中 $M = \{(x,y) | 0 \leqslant x \leqslant 1, 0 \leqslant y \leqslant 1\}$ 的区域内，可以根据 Jacobi 矩阵的局部稳定动态分析的方法分别计算 A、B、C、D、E 这五个可能的均衡点的行列式（$\det J$）和（$\mathrm{tr}J$）的值，分析这五个点的稳定性。具体的计算结果如表7-13。

表7-13　演化博弈均衡点的稳定性分析

可能的均衡点		符号	局部稳定性
$A(0, 0)$	$\det J$	−	不稳定点
	$\text{tr} J$		
$B(1, 0)$	$\det J$	−	不稳定点
	$\text{tr} J$		
$C(0, 1)$	$\det J$		ESS
	$\text{tr} J$	+	
$D(1, 1)$	$\det J$	−	不稳定点
	$\text{tr} J$		
$E(x^*, y^*)$	$\det J$	−	中心点
	$\text{tr} J$	0	

博弈系统存在一个均衡点，即 $C(0, 1)$，另外还存在一个鞍点，即中心点 E。其中 $C(0, 1)$ 表示博弈的均衡策略是（不监管，预处理），是比较理想的稳定策略组合。如图7-6，其中折线 BEC 是该演化博弈系统收敛到不同策略组合的分界线，博弈的初始策略组合落在不同的区域，就会收敛到不同的均衡策略。如果博弈的初始策略组合落在折线 BEC 右上方区域，即四边形 $BDCE$ 内部的话，博弈系统就会收敛到 $C(0, 1)$，即策略组合（不监管，预处理）。相反，如果博弈的初始策略组合落在折线 BEC 左下方区域，即四边形 $BACE$ 内部的话，博弈系统就不会收敛到策略组合（不监管，预处理）。由于博弈的初始组合是随机分布在四边形 $ABCD$

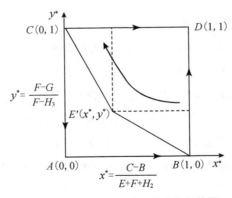

图7-6　地方政府与企业的演化相位图

内部，要增加博弈系统就会收敛到（不监管，预处理）策略的概率，就需要增加四边形 $BDCE$ 的面积，提高博弈初始策略组合落在四边形 $BDCE$ 的概率。因此需要把中心点 $E(x^*, y^*)$ 水平左移、垂直下移或者向左下方移动，使博弈系统向着理想的均衡策略（不监管，预处理）演化。

（四）地方政府对重金属污染风险防范模式的优化

从博弈分析结果可以得出：调整博弈因子值可以提高企业选择"预处理"策略并实现最优博弈均衡策略组合的可能性。事实上，地方政府和企业之间关于环境保护的博弈一直存在 [181]，并且具有动态、重复性。当前地方政府通常对违反环境保护法律法规的排污企业以固定数额进行罚款，没有考虑到博弈的动态重复特征，这种机制无法完全防范重金属污染风险。

构建一种动态惩罚策略，鼓励企业更积极地选择"预处理"策略。在这种动态惩罚策略中，处罚的强度与企业选择"预处理"策略的可能性有关，即当企业选择"预处理"策略的可能性很大时，地方政府将适当地减少惩罚的力度。此外，动态的惩罚策略还与企业非法排放造成污染的严重程度之间存在正相关的关系。由于实际污染情况难以量化，而且排放与企业生产之间通常存在正相关，假定地方政府的处罚与企业生产之间存在正相关 [182]。

得到动态惩罚公式：

$$F_D = k \times A \times (1-y) \qquad (7\text{-}11)$$

式中，F_D 代表地方政府的惩罚力度；k 代表动态惩罚系数，系数越大则惩罚力度越大；A 代表企业的生产收益；y 代表企业选择"预处理"策略的概率。当企业选择"预处理"策略的概率越小，惩罚力度就会越大，以促进企业增加选择"预处理"策略的概率；当企业选择"预处理"策略的概率增加，惩罚力度就会相应减小，以激励企业选择"预处理"策略的概率维持在较高的水平。

根据当地政府和企业之间的演化博弈的复制动态方程，模型变量之间的关系如下：

图7-7显示了基于 Vensim PLE 软件构建的地方政府和企业演化博弈的系统动力学模型，模型包含了2个流位（level）变量，2个流率（rate）变量，6个中间（intermediate）变量和10个外部（external）变量。图7-7中 x 代表地方政府选择"监

管"策略的概率；y 代表企业选择"预处理"策略的概率。结合演化博弈的实际情况，在满足条件 $0 \leqslant x = (C-B)/(E+F+H_2) \leqslant 1$，以及 $0 \leqslant y = (F-G)/(F+H_3) \leqslant 1$ 的情况下，对所有的外部变量赋值。外部变量的含义及其赋值如表7-14。

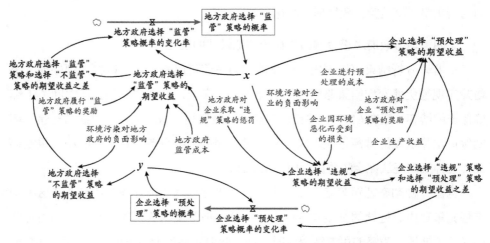

图7-7　地方政府与企业的演化博弈的系统动力学模型

表7-14　模型外部变量的含义及其赋值

参数	含义	赋值
A	公司生产收入	5
B	企业因环境退化而遭受的损失	1
C	废物预处理成本	2
E	地方政府奖励企业采取"预处理"策略	1
F	地方政府对"违规"的企业进行处罚	2
G	监测地方政府的费用	1
H_1	重金属污染对地方政府的负面影响	3
H_2	重金属污染对企业的负面影响	2
H_3	奖励地方政府积极履行保护环境的监督职责	0.4

　　图7-8和图7-9显示在静态惩罚策略和动态惩罚策略下，地方政府选择"监管"策略概率和企业选择"预处理"策略概率的演化过程。可见在静态惩罚策略的情况下，地方政府选择"监管"策略概率和企业选择"预处理"策略概率都没有收敛的趋势，即地方政府和企业的演化博弈没有稳定的策略均衡。因此博弈过程变

得难以控制，地方政府的监管难以实现预期目标。在动态惩罚策略的情况下，随着时间的推移，地方政府选择"监管"策略概率和企业选择"预处理"策略概率都存在波动幅度减小的演变趋势，并且都在第40个周期左右实现收敛。可见，地方政府采用动态惩罚策略能够很快实现博弈系统的收敛。

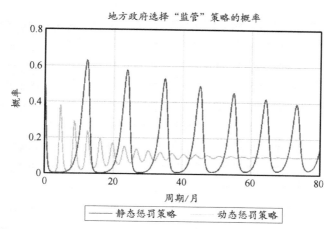

图7-8 两种惩罚策略下地方政府选择"监管"策略概率的演化过程

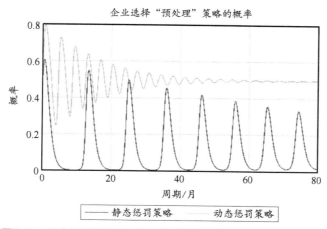

图7-9 两种惩罚策略下企业选择"预处理"策略概率的演化过程

图7-10和图7-11显示在演化博弈初始策略组合相同的情况下，动态惩罚系数 k 分别等于1，3和5时博弈系统的演化过程。当 $k=3$ 时，博弈系统需要耗费大约50个周期才能实现收敛，均衡结果是 (0.1, 0.5)，即地方政府采取"监管"策略的概率为0.1，企业采取"预处理"策略的概率为0.5；当 $k=5$ 时，博弈系统需要耗费大约

40个周期才能实现收敛，均衡结果是 (0.08, 0.6)，即地方政府采取"监管"策略的概率为0.08，企业采取"预处理"策略的概率为0.6。因此，动态惩罚系数 k 越大，博弈系统实现收敛所需要的时间越少，而且均衡策略中企业选择"预处理"策略概率越大，地方政府选择"监管"策略的概率越小。

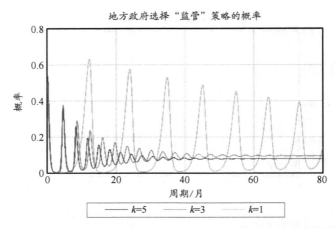

图7-10　动态惩罚系数 k 的变化对地方政府选择"监管"策略概率的影响

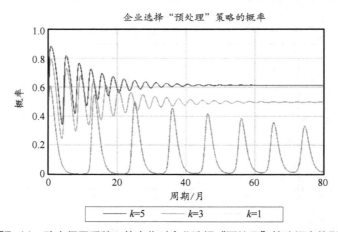

图7-11　动态惩罚系数 k 的变化对企业选择"预处理"策略概率的影响

四、地方政府、企业与公众演化博弈分析

由于信息不对称问题，地方政府难以掌握涉重金属企业环境污染的所有信息，很难第一时间阻止企业违规排放污染物。作为重金属污染的直接受害者，公众可以掌握有关企业非法排放的信息，公众积极参与到防范重金属污染风险工作中，

可更好地解决地方政府和企业之间信息不对称的问题 [183-184]。

（一）博弈模型的假设与构建

博弈模型中的两个参与主体是企业和公众。在这种情况下，污染物排放企业有两种策略可供选择：非法向环境排放废物（以下简称"违规"）或在必要的处理工艺过程之后向环境排放废物，以及对自己造成的重金属污染进行修复和补偿（以下简称"预处理"）。其中，企业采用的"违规"策略是指企业不按照政府规定直接向周围环境排放污染物，容易造成重金属污染；企业采用的"预处理"策略是指企业在按照政府规定进行必要的预处理过程后向周围环境排放废物，从而大大减少对周围环境的污染。

公众也有两种策略：如果公众发现某涉重金属企业违反法律法规排放污染物，将迅速告知地方政府，以保护当地的生态环境（以下简称"上诉"），因此该公司将受到地方政府的惩罚；但是，公众也可以以各种原因对涉重金属企业非法排放污染保持沉默，容忍企业非法排放污染（以下简称"沉默"），从而损害生态环境。表7-15列出了企业和公众的博弈策略组合。

表7-15　企业与公众的博弈策略组合

		公众	
		上诉	沉默
企业	预处理	（预处理，上诉）	（预处理，沉默）
	违规	（违规，上诉）	（违规，沉默）

企业和公众选择的参数的设计和意义见表7-16。

表7-16　博弈模型的参数及其含义

参数	含　义
A	公司生产收入
C_1	废物预处理成本
C_2	公众上诉的成本
D	公众因为重金属污染受到的损失
E_1	地方政府对企业采取"预处理"策略的奖励
F	地方政府对企业采取"违规"策略的惩罚
H	地方政府要求企业向公众提供赔偿

作为博弈模型中的两个参与者，企业和公众的行为都是有限理性的。

假设：在博弈的开始时，企业选择"预处理"策略的概率是 x（$0 \leq x \leq 1$），那么选择"违规"策略的概率是 $1-x$；公众选择"上诉"策略的概率是 y（$0 \leq y \leq 1$），那么选择"沉默"策略的概率是 $1-y$。根据演化博弈的性质可以看出，在博弈的过程中，每个参与者选择某个策略的概率都是在不断变化的，因此在每一个博弈周期，企业选择"预处理"策略的概率 x 是在不断变化的，公众选择"上诉"策略的概率 y 也是在不断变化的。表7-17描述了企业和公众在不同策略下的收益矩阵。

表7-17　企业与公众的博弈的收益矩阵

		公众	
		上诉（y）	沉默（$1-y$）
企业	预处理（x）	$A-C_1+E_1$；$-C_2$	$A-C_1$；0
	违规（$1-x$）	$A-F-H$；$H-C_2$	A；$-D$

当企业采取"预处理"策略时，公众选择"沉默"策略的收益大于选择"上诉"策略的收益，即 $-C_2 < 0$，可以推导出 $C_2 > 0$。当企业采取"违规"策略时，公众选择"上诉"策略的收益大于选择"沉默"策略的收益，即 $H-C_2 > -D$，因此可以推导出 $H+D-C_2 > 0$。当公众选择"上诉"策略时，企业选择"预处理"策略的收益大于选择"违规"策略的收益，即 $A-C_1+E_1 > A-F-H$，因此可以推导出 $E_1+F+H-C_1 > 0$。当公众选择"沉默"策略时，企业选择"预处理"的收益小于选择"违规"策略的收益，即 $A-C_1 < A$，因此可以推导出 $C_1 > 0$。

（二）演化策略博弈分析

计算博弈参与者在选择不同策略时的期望收益和所有策略的平均收益。

首先计算企业选择"预处理"策略的期望收益：

$$V_1 = y \times (A-C_1+E_1) + (1-y) \times (A-C_1) = yE_1+A-C_1 \tag{7-12}$$

企业选择"违规"策略的期望收益：

$$V_2 = y \times (A-F-H) + (1-y) \times A = -yF-yH+A \tag{7-13}$$

因此企业选择"预处理"策略的复制动态方程：

$$\frac{\mathrm{d}x}{\mathrm{d}t} = F(x) = x(V_1 - \overline{V}) = x(1-x)(V_1 - V_2) \tag{7-14}$$
$$= x(1-x)\left[y(E_1 + F + H) - C_1 \right]$$

式中，$\overline{V}$ 表示企业选择"预处理"策略和"违规"策略的平均期望收益，dy/dt 表示企业选择"预处理"策略的概率随着时间推移的动态的变化速率。

令 $F(x)=0$，得到该复制动态方程有3个可能的稳定状态点，即 $x_1=0$，$x_2=1$，以及 $y=C_1/(E_1+F+H)$。值得注意的是，当 V_1 大于 V_2 的时候，企业才会选择"预处理"策略，这时候应该满足条件 $y>C_1/(E_1+F+H)$。即当 $y>C_1/(E_1+F+H)$ 的时候，企业才会选择"预处理"策略。

（三）地方政府对重金属污染风险防范模式的优化

从博弈分析的结果可以得到：调整博弈影响因素的值可以提高企业选择"预处理"策略的可能性。为了增加企业选择"预处理"策略的可能性，改进奖励和处罚策略，鼓励企业更积极地选择"预处理"策略，鼓励公众更积极地选择使用"上诉"策略。

1. 动态惩罚策略

在动态惩罚策略中，将惩罚设置为与涉重金属企业选择"预处理"策略的概率相关，即当涉重金属企业选择概率较高的"预处理"策略时，地方政府将适当地减轻处罚。此外，动态处罚策略的处罚与企业违法排放造成污染的严重程度相关，即地方政府的处罚与企业造成污染的严重程度正相关。动态惩罚公式见式（7-11）。

图7-12显示了基于 Vensim PLE 软件构建的企业和公众之间的演化博弈的系统动力学模型，模型包含了2个流位（level）变量，2个流率（rate）变量，6个中间（intermediate）变量和10个外部（external）变量。图中 x 代表企业选择"预处理"

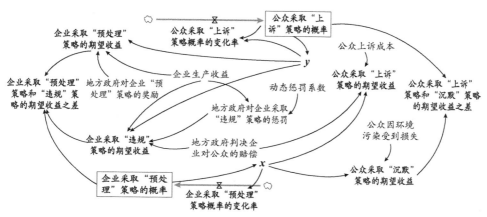

图7-12 政府与企业演化博弈的系统动力学模型

策略的概率，y 代表公众选择"上诉"策略的概率。结合演化博弈的实际情况，在满足条件 $0 \le x = 1 - C_2/(D+H) \le 1$，以及 $0 \le y = C_1/(E_1+F+H) \le 1$ 的情况下，对所有的外部变量赋值。外部变量的含义及其赋值如表7-18。

表7-18 模型的外部变量的含义及其赋值

参数	含　　义	赋值
A	公司生产收入	10
C_1	废物预处理成本	6
C_2	公众上诉的成本	2
D	公众因为重金属污染受到的损失	6
E_1	地方政府对企业采取"预处理"策略的奖励	2
F	地方政府对企业采取"违规"策略的惩罚	8
H	地方政府要求企业向公众提供赔偿	2

图7-13和图7-14比较了在静态惩罚策略和动态惩罚策略下企业选择"预处理"策略概率和公众选择"上诉"策略概率的演化过程。动态惩罚系数 $k=1.5$，外部变量的赋值见表7-18。

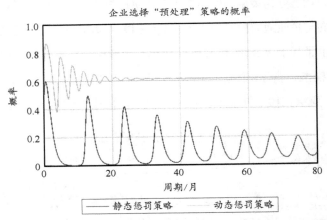

企业选择"预处理"策略的概率

图7-13 两种惩罚策略下企业采取"预处理"策略概率的演化过程

2. 奖励公众策略

为了鼓励公众积极选择"上诉"策略，可以通过奖励公众的手段提高公众积极性。如表7-18所示，当公众选择"上诉"策略时，公众的收益都加上来自地方政府的奖励 E_2。这样，公众选择"上诉"策略的期望收益的公式可以修改：公众选择"上诉"策略和选择"沉默"策略的期望收益 $W = x \times (E_2 - C_2) + (1 - x) \times (E_2 + H - C_2)$，其中 E_2 代表政府对公众主动举报的奖励。

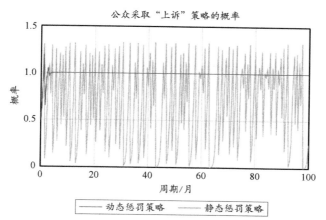

图7-14　两种惩罚策略下公众采取"上诉"策略概率的演化过程

图7-15显示了基于 Vensim PLE 软件的企业和公众之间演化博弈模型具体框架，可见模型包含2个流位（level）变量，2个流率（rate）变量，6个中间（intermediate）变量和10个外部（external）变量。图中 x 代表企业选择"预处理"策略的概率，y 代表公众选择"上诉"策略的概率，企业和公众的博弈收益矩阵见表7-19。

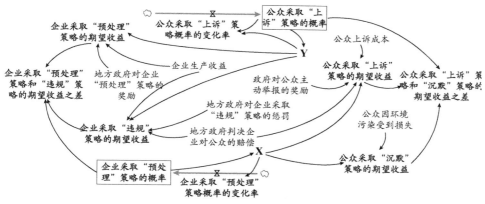

图7-15　企业和公众演化博弈的系统动力学模型

表7-19　企业和公众的博弈收益矩阵

		公众	
		上诉（y）	沉默（$1-y$）
企业	预处理（x）	$A-C_1+E_1$；E_2-C_2	$A-C_1$；0
	违规（$1-x$）	$A-F-H$；E_2+H-C_2	A；$-D$

图7-16和图7-17分别显示了当地方政府采取没有奖励公众的策略和采取奖励公众的策略时，企业选择"预处理"策略的概率和公众选择"上诉"策略的概率的演变过程。可以得出：当地方政府采取不奖励公众的策略时，公司实现选择"预处理"策略达到稳定的概率需要长达50个周期，演进过程的波动幅度比较大。当地方政府采取奖励公众的策略时，企业和公众的策略选择很快实现了收敛。其中，企业选择"预处理"策略只需要2个周期就能达到稳定，而公众经过1个周期后，选择"诉求"策略的演变也趋于稳定，博弈双方的策略演变发展趋势并未出现重大波动。可以看出，如果地方政府采取奖励公众的策略，可以使博弈系统更快地收敛到理想的策略组合（预处理，上诉），促使企业积极防治污染，促使公众积极选择"上诉"策略。

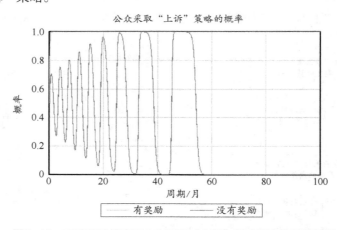

图7-16　两种奖励策略下公众采取"上诉"策略概率的演化过程

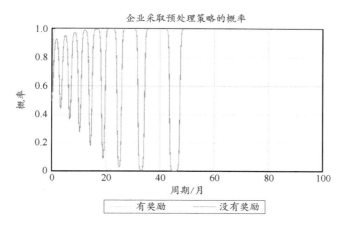

图7-17　两种奖励策略下企业采取"预处理"策略概率的演化过程

五、中央政府、地方政府和企业的演化博弈与风险防范模式优化

为解决长江流域地方政府与涉重金属企业合谋导致环境污染事件的问题，分析中央政府、地方政府与企业三者之间的博弈关系，寻求最优博弈策略。

（一）博弈模型的假设与构建

博弈模型的三个参与主体是中央政府、地方政府和企业。中央政府作为监管者参加博弈，地方政府和企业作为主体参加博弈。如果中央政府发现地方政府和企业之间有合谋，将对地方政府实行严厉惩罚[185]。

在博弈中，企业有两种策略：与地方政府合谋或不与地方政府合谋。其中，企业采取的"合谋"策略意味着企业未能按照规定保护环境，重金属污染得不到及时处理。此时，为了避免惩罚，企业将主动与地方政府达成协议，地方政府将容忍企业污染的行为[186]。

地方政府有两种策略，一种是监督企业，另一种是不监督企业。其中，地方政府采取的"不监督"策略意味着地方政府容忍企业污染环境的行为，不惩罚违规的企业。如果地方政府采取"监管"策略，地方政府将履行职责，惩罚违规企业。同时，假设博弈中任一家公司违反规定排放污染，都会被当地政府发现。

在博弈中，中央政府会检查地方政府和企业之间是否达成合谋，一旦查实，地方政府将受到严厉处罚。由于信息不对称等实际原因，中央政府很难每次发现政府与企业之间的合谋[187]。因此，可以假定中央政府有一定的概率发现地方政府和企业之间的合谋。由此可见，地方政府和企业之间是否可能有合谋，取决于地方政府和企业之间的博弈结果。表7-20显示了地方政府和企业的博弈策略组合。

表7-20   地方政府和企业的博弈策略组合

		企业	
		合谋	不合谋
地方政府	不监管	（不监管，合谋）	（不监管，不合谋）
	监管	（监管，合谋）	（监管，不合谋）

当企业进行违规排污时，如果地方政府履行职责进行监管，企业将受到处罚 K，包括罚款或者警告。为简化模式，假设地方政府只对企业罚款，而罚款属于地方政府。如果企业支付地方政府不监管的成本 J 的数量达到某个程度时，地方政府就会容忍企业在排放污染方面的行为，不会惩罚违规企业。企业由于不从事环保工作而节省了大量资金和人力，使企业扩大生产规模，获得更高的生产收益 S。

因此，假定税率为 m，地方政府也会因企业规模的扩大而得到更多的税收。对于地方政府来说，只要采取"监管"策略的收益大于采取不监管策略的收益，就会选择"监管"策略。对于企业来说，只要采取"合谋"策略的收益大于采取"不合谋"策略的收益，就会选择"合谋"策略。当企业采取"合谋"策略，地方政府也采取"不监管"策略，地方政府和企业之间就形成了合谋，这无疑会导致环境状况越来越恶化，不利于防治重金属污染。对于中央政府来说，如果发现地方政府和企业之间存在合谋行为，就会对地方政府进行严厉惩罚 P，使地方政府不敢和企业形成合谋。假设中央政府检查的成功率为 θ，$0 \leqslant \theta \leqslant 1$。表7-21显示了博弈中的参数及其含义。

表7-21   博弈模型参数及其含义

参数	含　义
J	企业改变地方政府实行"不监管"策略的成本
K	地方政府采取"监管"策略而对企业违规排污行为的惩罚
P	中央政府对地方政府纵容企业违规排污的惩罚
S	企业通过合谋地方政府扩大生产规模而增加的产出
m	企业上交给地方政府税收的税率
θ	中央政府发现地方政府和企业合谋的概率

假设在博弈的开始阶段，地方政府选择"不监管"策略的概率是 x（$0 \leq x \leq 1$），那么选择"监管"策略的概率是 $1-x$；企业选择"合谋"策略的概率是 y（$0 \leq y \leq 1$），那么选择"不合谋"策略的概率是 $1-y$。根据演化博弈的性质可知，在博弈过程中，每个参与者选择策略的概率都是在不断变化的，因此在博弈的每个周期，地方政府选择"不监管"策略的概率 x 是在不断变化的，相应的，企业选择"合谋"策略的概率 y 也是在不断变化的。表7-22描述了地方政府与企业在不同策略下的收益矩阵。

表7-22　地方政府和企业的博弈收益矩阵

		企业	
		合谋（y）	不合谋（$1-y$）
地方政府	不监管（x）	$J+mS-\theta P$；（$1-m$）$S-J$	$K-\theta P$；$-K$
	监管（$1-x$）	K：$-K$	K：$-K$

根据表7-22中的利益矩阵，可以看出，当企业选择"合谋"策略，地方政府如果选择"不监管"策略，那么双方的合谋就形成了。

为简化模型，假设一旦地方政府和企业进行合谋，中央政府就能够发现，并对双方都进行惩罚。这样，在合谋的情况下，地方政府和企业的收益就分别为 $J+mS-\theta P$ 和 $(1-m)S-J$，其中地方政府除了能够得到不监管的好处 $J+mS$ 之外，还会有 θ 的概率承受来自中央政府的惩罚 P。企业通过合谋得到更多的收益 $(1-m)S$，但是要支付地方政府不监管策略的成本 J。反之，如果地方政府采取"监管"策略，那么双方的合谋就不会形成，此时地方政府会因为污染环境对企业进行罚款，此时，企业和地方政府的收益就分别为 $-K$ 和 K。值得注意的是，该博弈中需满足 $(1-m)S-J>0$，即 $J<(1-m)S$ 的条件，因为如果成本 J 大于企业合谋后得到的收益 $(1-m)S$，企业就不会采取"合谋"策略了。当企业选择"不合谋"策略，如果地方政府也采取"监管"策略，那么企业会因为违规排污污染环境受到地方政府的惩罚，双方的合谋就不会形成，此时企业和地方政府的收益就分别为 $-K$ 和 K。相反，如果地方政府选择"不监管"策略，根据假设，这种情况下中央政府很容易查出地方政府的违纪行为，并给予严厉的惩罚。因此，地方政府有 θ 的概率要承受来自中央政府的惩罚 P，所以此时地方政府的收益就是 $K-\theta P$。企业支付污染

环境的惩罚，收益为 $-K$。

当企业采取"合谋"策略时，地方政府选择"不监管"策略的收益大于选择"监管"策略的收益，即 $J+mS-\theta P>K$；而当企业采取"不合谋"策略时，地方政府选择"监管"策略的收益大于选择"不监管"策略的收益，即 $K-\theta P<K$，即 $\theta P>0$。相应地，当地方政府选择"不监管"策略时，企业选择"合谋"策略的收益大于选择"不合谋"策略的收益，即 $(1-m)S-J$。

（二）演化策略博弈分析

计算地方政府和企业策略选择的演变分析，分析博弈系统的演变稳定策略和影响博弈系统演变稳定的因素。在进行演化博弈分析之前，首先计算博弈参与者在选择不同策略时的预期收益以及所有策略的平均收益。

地方政府选择"不监管"策略的预期效益：

$$U_1=y\times(J+mS-\theta P)+(1-y)\times(K-\theta P) \tag{7-15}$$

地方政府选择"监管"策略的期望收益：

$$U_2=y\times(K+E_1)+(1-y)\times K \tag{7-16}$$

因此地方政府选择"监管"策略的复制动态方程为：

$$\frac{\mathrm{d}x}{\mathrm{d}t}=F(x)=x(U_1-\bar{U})=x(1-x)(U_1-U_2)$$
$$=x(1-x)\big[y(J+mS-K_1-K)-\theta P\big] \tag{7-17}$$

式中，$\bar{U}$ 表示地方政府选择"不监管"策略和"监管"策略的平均期望收益，$\mathrm{d}x/\mathrm{d}t$ 表示地方政府选择监管策略的概率随着时间推移的动态的变化速率。

令 $F(x)=0$，得到该复制动态方程有3个可能的稳定状态点，即 $x_1=0$，$x_2=1$，以及 $y=\theta P/(J+mS-K_1-K)$。值得注意的是，当 U_1 大于 U_2 的时候，地方政府才会选择"不监管"策略，此时应该满足条件 $y>\theta P/(J+mS-K_1-K)$。即当 $y>\theta P/(J+mS-K_1-K)$ 的时候，地方政府才会选择"不监管"策略。

（三）中央政府对重金属污染风险防范模式的优化

中央政府发现地方政府与企业合谋，会惩罚地方政府，其次才惩罚相关企业。如果企业没有受到严格监督，其就有强烈的动机积极寻求与地方政府合谋。在表7-23的基础上，修改博弈利润矩阵，增加对企业的处罚 U，这意味着如果中央发现地方政府和企业相互合谋，将同时对双方实行处罚，迫使企业选择"不合谋"策略，从而能够从根本上解决地方政府和企业合谋的问题。这样企业与地方政府合谋被中央政府发现时的收益为 $(1-m)S-J-\theta U$，其中 U 和 θ 分别是中央政府发现地方政府和企业合谋的惩罚数额和概率，θU 就是中央政府对企业惩罚的期望值，表7-24显示了加入中央政府对企业惩罚的博弈收益矩阵。

表7-23　模型的外部变量的含义及其赋值

参数	含　义	赋值
J	企业改变地方政府实行"不监管"策略的成本	6
K	地方政府采取"监管"策略而对企业违规排污行为的惩罚	2
P	中央政府对地方政府纵容企业违规排污的惩罚	7
S	企业通过合谋地方政府扩大生产规模而增加的产出	20
m	企业上交给地方政府税收的税率	0.3
θ	中央政府发现地方政府和企业合谋的概率	0.5

表7-24　地方政府和企业的博弈收益矩阵

		企业	
		合谋（y）	不合谋（$1-y$）
地方政府	不监管（x）	$J+mS-\theta P$；$(1-m)S-J-\theta U$	$K-\theta P$；$-K$
	监管（$1-x$）	K：$-K$	K：$-K$

图7-18显示了基于 Vensim PLE 软件构建的中央政府、地方政府和企业博弈演化的系统动力学模型，模型包括2个流位（level）变量，2个流率（rate）变量，6个中间（intermediate）变量和10个外部（external）变量。图中 x 代表地方政府选择"不监管"策略的概率，y 代表企业选择"合谋"策略的概率。结合演化博弈的实际情况，在满足条件 $0 \leqslant x = K_1/[(1-m)S-J+K+K_1] \leqslant 1$，以及 $0 \leqslant y = \theta P/(J+mS-K-K_1) \leqslant 1$ 的情况下，对所有的外部变量赋值。外部变量的含义及其赋值情况如表7-23。

图7-19显示了中央政府对企业在三种情况下选择"合谋"策略概率的演化过程。Current1、Cuttent2、Current3分别是中央政府发现合谋后对地方政府和企业的制裁，分别为10和0、6和28以及1和30。具体解释为：中央政府对地方政府的惩罚不断减小，但对企业的惩罚不断加大。

最终结果：随着中央政府加大对企业非法排放污染物和腐败行为的惩罚力度，

企业选择"合谋"策略的可能性最终会趋向为零，但有不同的发展过程。

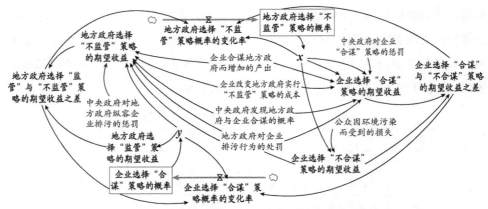

图7-18　中央政府、地方政府与企业博弈的系统动力学模型

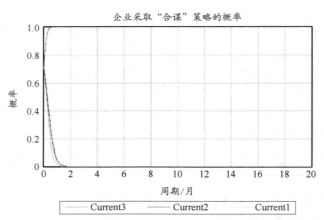

图7-19　中央政府对企业不同"合谋"策略概率的惩罚演化过程

（1）Current1：中央政府对地方政府和企业的惩罚分别为10和0。不限制企业，只是惩罚地方政府违规行为，不会降低企业选择腐败策略的可能性。相反，会"鼓励"一些企业选择贿赂地方政府以降低成本并获得最大利益。

（2）Cuttent2：中央政府对地方政府和企业的惩罚分别为6和28。中央政府减少了对地方政府的惩罚，加大了对违规企业、污染企业以及腐败企业的惩罚力度。企业选择"合谋"策略的可能性降低到零。

（3）Current3：中央政府对地方政府和企业的惩罚分别为1和30。中央政府进一步放宽了对地方政府的惩罚，加大了对违规企业的惩罚力度。企业选择"合谋"

策略的可能性下降得更快，在短时间内可能接近于零。

仿真表明：加强中央政府对违规企业的直接惩罚是防止地方政府与涉重金属企业合谋破坏环境的有效手段。

第四节　相邻地区政府间横向演化博弈分析

长江经济带涉及众多相邻县市区，相邻区域重金属污染风险防范是现实工作中的难点[188]，在两个区域污染和受害情况迥异情况下，构建演化博弈模型，分析演化博弈的稳定性，分析均衡策略的形成条件，提供有效的调节策略，并通过仿真分析进行验证。

一、排污方演化博弈

如果两个邻近地区都是污染物制造者，没有外部因素的制约，两者难以建立合作关系共同应对土壤重金属污染[189]。通过中央政府协调两个地方政府之间的利益冲突，促进双方建立合作关系，共同控制重金属污染。

首先，构建包括中央政府协调因素在内的两种地方政府行为策略的演化博弈模型，分析博弈演变过程及影响博弈系统演变和稳定策略的因素，提出两个地方政府的有效监管措施，对中央政府协调的常规策略进行改进，并通过仿真方法对其进行验证。

（一）博弈模型的假设与构建

博弈模型中的两个参与主体是地方政府 A 和地方政府 B，同时引入了中央政府的监管因素。为了提高地方政府选择"治理"策略的积极性，中央政府可以对选择"治理"策略的地方政府进行奖励 E，对选择"不治理"策略的地方政府进行惩罚 F，调整地方政府在政绩考核中环境状况的系数 δ，$0 \leqslant \delta \leqslant 1$，该系数数值越大，说明环境状况的考核成绩占地方政府官员的政绩考核体系的比例越大。

为了提高中央政府奖惩措施的有效性，模型加入了差别奖励系数和差别惩罚系数，中央政府会给选择"治理"策略的地方政府加倍的奖励，倍数为 φ，$\varphi > 1$；同时给选择"不治理"策略的地方政府加倍的惩罚，倍数为 σ，其中 $\sigma > 1$。表7-25表示了博弈模型的参数及其含义。

表7-25　博弈模型参数及其含义

参数	含　　义
R_A	地方政府 A 治理污染时自身获得的正面影响
R_B	地方政府 B 治理污染时自身获得的正面影响
C_A	地方政府 A 治理污染的成本
C_B	地方政府 B 治理污染的成本
S_A	地方政府 A 不治理污染时，对地方政府 B 的负面影响
S_B	地方政府 B 不治理污染时，对地方政府 A 的负面影响
α	地方政府 A 对相邻的地方政府 B 的外部性系数，$0<\alpha<1$
β	地方政府 B 对相邻的地方政府 A 的外部性系数，$0<\beta<1$
δ	地方政府在政绩考核中环境状况的比重，$0\leqslant\delta\leqslant1$
E	地方政府治理污染所获得的奖励
F	地方政府不治理污染所受到的惩罚
φ	差别奖励系数
σ	差别惩罚系数

作为博弈模型中的两个参与者，地方政府 A 和地方政府 B 的行为都是有限理性的。假设在博弈的开始阶段，地方政府 A 选择"治理"策略的概率是 x（$0\leqslant x\leqslant1$），那么选择"不治理"策略的概率是 $1-x$；地方政府 B 选择"治理"策略的概率是 y（$0\leqslant y\leqslant1$），那么选择"不治理"策略的概率是 $1-y$。表7-26描述了地方政府 A 和地方政府 B 在不同策略下的收益矩阵。

表7-26　地方政府 A 和地方政府 B 的博弈收益矩阵

		地方政府 B	
		治理（y）	不治理（$1-y$）
地方政府 A	治理（x）	$-C_A+\delta(R_A+\beta R_B)+E$；$-C_B+\delta(R_B+\alpha R_A)+E$	$-C_A+\delta(R_A-\beta S_B)+\varphi E$；$\delta\alpha R_A-\sigma F$
	不治理（$1-x$）	$\delta\beta R_B-\sigma F$；$-C_B+\delta(R_B-\alpha S_A)+\varphi E$	$-\delta\beta S_B-F$；$-\delta\alpha S_A-F$

根据表7-26可以看出，如果地方政府 A 和地方政府 B 都采取"治理"策略，地方政府 A 和 B 的收益分别是 $-C_A+\delta(R_A+\beta R_B)+E$ 和 $-C_B+\delta(R_B+\alpha R_A)+E$，这时两个地方政府都要承受 C_A 和 C_B 的治理成本，但环境状况的改善不仅对本地区带来正面影响，也对相邻的地方政府产生了正外部性。其中地方政府 A 对地方政府 B 产生了的 αR_A 正外部性，地方政府 B 对地方政府 A 产生了 βR_B 的正外部性。另外，

这两个地方政府都会因主动治理污染而受到中央政府的奖励 E。

如果地方政府 A 采取"治理"策略，而地方政府 B 采取"不治理"策略，那么地方政府 A 和 B 的收益分别是 $-C_A+\delta(R_A-\beta S_B)+\varphi E$ 和 $\delta aR_A-\sigma F$，因为地方政府 A 治理了重金属污染，在获得正面效应的同时，也承受了 C_A 的损失，以及来自地方政府 B 的负外部性 βS_B。同时，地方政府 B 却收获了来自地方政府 A 的正外部性 aR_A。这时，中央政府为了刺激两个地方政府长期都能够主动治理污染，给治理污染的地方政府加倍的奖励 φE，给不治理污染的地方政府加倍的惩罚 σF。

与此类似，如果地方政府 A 采取"不治理"策略，而地方政府 B 采取"治理"策略，那么地方政府 A 和 B 的收益分别是 $\delta\beta R_B-\sigma F$ 和 $-C_B+\delta(R_B-\alpha S_A)+\varphi E$。

（二）中央政府规制策略的优化

目前，对长江流域相关的地方政府，中央政府还未形成系统性激励方法来协调地方政府在污染控制方面的业绩，仅单纯通过调整地方政府受到的治理污染的奖励 E，以及地方政府受到的不治理污染的处罚 F，促使两地政府选择"治理"策略，没有差别奖励系数 φ 和差别惩罚系数 σ。

基于 Vensim PLE 软件构建了一个包含地方政府 A 和地方政府 B 之间演化博弈的系统动力学模型，图7-20显示了该模型的具体框架，可以看出，模型包含了2个流位（level）变量，2个流率（rate）变量，6个中间（intermediate）变量和13个外部（external）变量。图中 x 代表地方政府 A 选择"治理"策略的概率，y 代表地方政府 B 选择"治理"策略的概率。表7-27列出了外部变量的含义及其赋值。

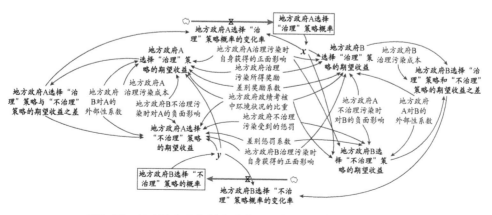

图7-20　地方政府 A 和地方政府 B 演化博弈的系统动力学模型

表7-27　博弈外部变量的含义及其赋值

参数	含　　义	赋值
R_A	地方政府A治理污染时自身获得的正面影响	3.5
R_B	地方政府B治理污染时自身获得的正面影响	3
C_A	地方政府A治理污染的成本	10
C_B	地方政府B治理污染的成本	9.5
S_A	地方政府A不治理污染时，对地方政府B的负面影响	4
S_B	地方政府B不治理污染时，对地方政府A的负面影响	3.5
α	地方政府A对相邻的地方政府B的外部性系数，$0<\alpha<1$	0.3
β	地方政府B对相邻的地方政府A的外部性系数，$0<\beta<1$	0.4
δ	地方政府在政绩考核中环境状况的比重，$0\leq\delta\leq1$	0.4
E	地方政府治理污染所获得的奖励	2
F	地方政府不治理污染所受到的惩罚	4
φ	差别奖励系数	1.2
σ	差别惩罚系数	1.8

图7-21显示了在没有差别奖惩机制（即差别奖励系数 φ 和差别惩罚系数 σ 都等于0）时，两个地方政府都选择"治理"策略的概率演化过程，以及在有差别奖惩机制（即差别奖励系数 φ 和差别惩罚系数 σ 都等于4）时，两个地方政府分别需要经历50个周期和2个周期才能收敛于选择"治理"策略。

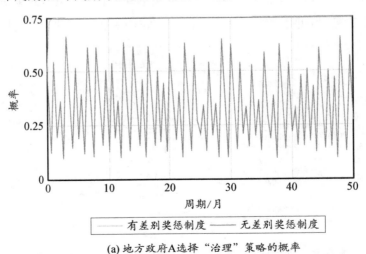

(a) 地方政府A选择"治理"策略的概率

图7-21　有无差别奖惩机制时两个地方政府治理策略的概率演化过程

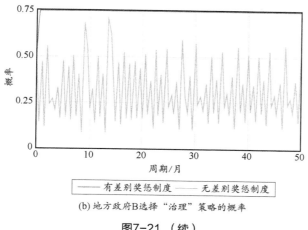

(b) 地方政府B选择"治理"策略的概率

图7-21（续）

显而易见，中央政府对邻近地区政府的差别奖励和惩罚策略可以通过鼓励两个地方政府选择"治理"策略来实现，从而使他们能够共同控制区域内的重金属污染。此外，差别奖励和差别处罚的程度越高，鼓励地方政府控制重金属污染的策略就越有效果。

图7-22显示了在存在差别奖惩机制下，而且差别奖励系数 φ 和差别惩罚系数 σ 都等于6时，分别将奖励和惩罚调整为8和4，以及将奖励和惩罚调整为0.5和4，其博弈系统在奖励大于惩罚的前提下，实现收敛需要10个周期，而奖励小于惩罚的策略下，实现收敛需要不到3个周期。由此可见，在有区别的奖励和惩罚机制下，加大惩罚力度将有助于地方政府选择"治理"策略，降低污染控制成本。

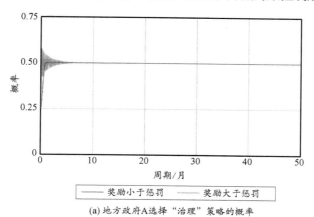

(a) 地方政府A选择"治理"策略的概率

图7-22　有差别奖惩机制下两个地方政府奖惩差异治理策略的概率演化过程

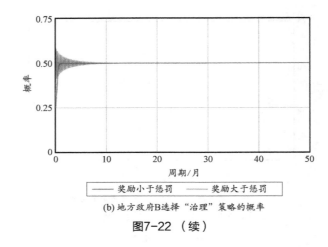

(b) 地方政府B选择"治理"策略的概率

图7-22 （续）

二、排污方和受害方演化博弈分析

构建包含中央政府协调因素的两个地方政府行为策略的演化博弈模型，分析博弈演化过程以及影响博弈系统演化和稳定策略的因素，并为两个地方政府提出有效的控制政策。建立系统动力学模型进行仿真分析，分析演化博弈的动力学过程。

（一）博弈模型的假设与构建

博弈参与的主体是污染排放区的地方政府和受害区的地方政府，同时引入了中央政府的监督因素。为了保护地方政府的合法利益，当排污区政府选择"不治理"策略并造成重金属污染时，受影响地区将求助于中央政府。假定受害地区的申诉获得成功，排污地区政府将向受影响地区政府支付一定数额的补偿 F，受害地区政府也将承担一定的上诉费用 d。表7-28列出了博弈的参数及其含义。

表7-28 博弈模型参数及其含义

参数	含　　义
α	排污地区政府不治理污染对受害地区的外部性系数
B	受害地区政府给排污地区政府治理污染的补偿
C	排污地区政府治理污染的成本
d	受害地区政府的上诉成本
F	排污地区政府对受害地区的赔偿
R	排污地区政府治理污染时自身获得的正面影响
S	排污地区政府不治理污染时对自己带来的负面影响

假设在博弈的开始阶段，排污地区政府选择"治理"策略的概率是 x（$0 \leqslant x \leqslant 1$），那么选择"不治理"策略的概率是 $1-x$；受害地区政府选择"积极"策略的概率是 y（$0 \leqslant y \leqslant 1$），那么选择"不积极"策略的概率是 $1-y$。表7-29描述了排污地区政府和受害地区政府在不同策略下的收益矩阵。

表7-29　排污地区政府和受害地区政府的收益矩阵

		受害地区政府	
		积极（y）	消极（$1-y$）
排污地区政府	治理（x）	$-C+R+B$；$\alpha R-B$	$-C+R$；αR
	不治理（$1-x$）	$-S-F$；$-\alpha S-d+F$	$-S$；$-\alpha S$

（二）中央政府环境规制策略的优化

在地方政府和中央政府之间的互动过程中，中央政府提供适当的财政支持将有助于鼓励污染者采取主动行动控制污染。因此，根据表7-30修改博弈利润矩阵，在排污地区政府选择"治理"策略时，将中央政府补贴 e 加入排污地区政府。因此，当排污地区的政府选择"治理"策略时，收入为 $-C+R+B+e$。

表7-30　两个地方政府的收益矩阵

		受害地区政府	
		积极	消极
排污地区政府	治理	$-C+R+B+e$；$\alpha R-B$	$-C+R+e$；αR
	不治理	$-S-F$；$-\alpha S-c+F$	$-S$；$-\alpha S$

图7-23显示了基于 Vensim PLE 软件构建的排污地区政府和受害地区政府之间行为策略演化博弈的系统动力学模型，模型包含了2个流位（level）变量，2个流率（rate）变量，6个中间（Intermediate）变量和10个外部（External）变量。图7-23中 x 代表排污地区政府选择"治理"策略的概率，y 代表受害地区政府选择"积极"策略的概率。表7-31给出了外部变量的含义及其赋值。

从图7-24（a）可以看出博弈系统没有收敛的趋势，而图7-24（b）显示博弈系统在大约3个周期内收敛，这表明在这种情况下没有中央政府的补贴，博弈系统不会收敛，也就是说，两个地方政府不会形成合作。而随着中央政府对重金属废水处理区政府的补贴，不断演化博弈系统将很快实现收敛，废水处理地区政府将选择"治理"策略。

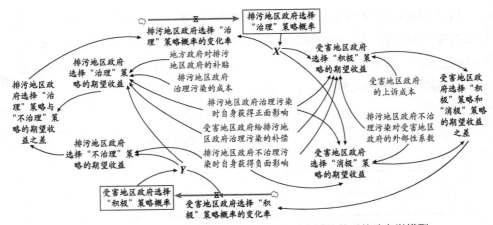

图7-23　排污地区地方政府和受害地区政府演化博弈的系统动力学模型

表7-31　模型的外部变量的含义及其赋值

参数	含　　义	赋值
a	排污地区政府不治理污染对受害地区的外部性系数	0.6
B	受害地区政府给排污地区政府治理污染的补偿	20
C	排污地区政府治理污染的成本	50
d	受害地区政府的上诉成本	2
F	排污地区政府对受害地区的赔偿	12
R	排污地区政府治理污染时自身获得的正面影响	10
S	排污地区政府不治理污染时对自己带来的负面影响	24

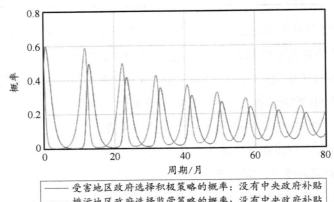

(a) 没有中央政府补贴

图7-24　不同情况下两地区政府选择策略概率的演化过程

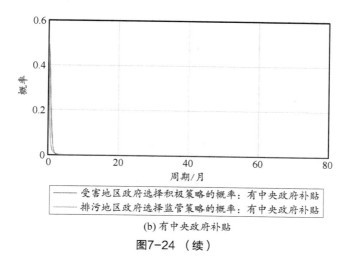

(b) 有中央政府补贴

图7-24（续）

　　总之，中央政府向长江流域重金属污染重点地区政府提供了适当的财政补贴，有助于减少博弈系统形成稳定状态所需的时间，也可以长期保持排污地区政府主动治理污染的动力。从而长期保护生态环境。

第五节　湘鄂养殖业重金属污染风险防范博弈分析实例

一、研究区概况

　　随着湖南省和湖北省养殖业朝着集约化、规模化方向的迅速发展，仅湖南一省年畜禽粪污量就高达20 000 t以上，伴随着畜禽粪污而来的养殖业，重金属污染问题日益突出，各大养殖场为追求畜禽生长速度和抵御病害的能力，饲喂畜禽大量含有Cu、Zn、As、Cr、Pb等微量元素的饲料，但大量的饲料喂养超过了一般畜禽的可吸收程度，从而在体内富集并最终以粪污形式排出体外；加之生产过程中的废水、废弃物也伴随着养殖企业不合理的粪污处理方式如露天堆积、填埋，直接向江河湖水排放，致使长江中游各河段土壤、水资源中的重金属污染增加[190]。

　　为有效治理长江流域的养殖业重金属污染，国务院办公厅2017年印发《国务院办公厅关于加快推进畜禽养殖废弃物资源化利用的意见》中，明确要求了长江流域各农业大省（湖南省、湖北省、四川省、贵州省等）做好养殖业粪污资源化利用，实现中长期内农业可持续发展，为确保长江流域的养殖业重金属污染带来有效控制，各省务必依照要求陆续进行农业养殖业废弃物处理工程。2015—2019年各省养殖业粪污处理处理情况如图7-25所示。

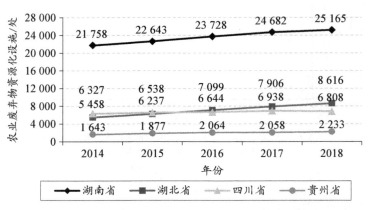

图7-25　2015—2019年湖南、湖北等省养殖业粪污处理工程情况

　　图中，湖南省农业废弃物处理工程数量最高，由2014年的21 758处养殖业粪污处理工程数增加到2018年的25 165处，湖南省养殖业畜禽粪污治理的压力最大，湖北次之。近年来，湘鄂两省加快了畜禽养殖废弃物资源化利用的政策出台和管理力度。

　　湖南省制定了《湖南省人民政府办公厅关于加快推进畜禽养殖废弃物资源化利用的实施意见》，提出2018年年底前基本建成覆盖全省所有养殖县的病死畜禽无害化收集处理体系；到2020年年底，建成科学规范、权责清晰、约束有力的资源化利用制度，构建种养循环发展机制，全省畜禽粪便资源化利用率达到75%以上，规模养殖场粪污处理设施装备配套率达到95%以上，其中，大型规模养殖场粪便处理设施装备配套率提前一年达到100%[191]。

　　湖北省制定了《湖北省畜禽养殖废弃物资源化利用行动方案（2018—2020年）》，提出到2020年，全省畜禽粪污综合利用率达到75%以上，规模养殖场粪污处理设备配套率达到95%以上，大型规模养殖场粪污处理设备配套率在2019年前达到100%。

　　因此，选取两省养殖业粪污资源化情况作为样本进行分析。为深入了解湘鄂两省养殖业粪污资源化情况，课题组以全国养殖大县：湖北松滋市、枝江市，湖南安化县、岳阳县为调查区域开展研究。

二、养殖业粪污资源化行为主体博弈分析

（一）演化博弈分析

对养殖企业在粪污资源化中各行为主体的演化均衡分析，其行为策略结果如图7-27所示。

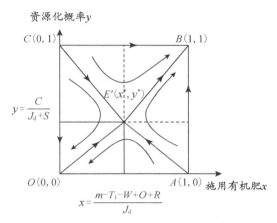

图7-27　博弈双方复制动态及稳定性演化示意图

研究发现：在满足 $x > x^*$ 时，农户才会选择"施用有机肥"策略，所以 x^* 的数值减小将会导致农户选择"施用有机肥"策略的概率增大；在满足 $y > y^*$ 时，企业才会选择"资源化"策略，所以 y^* 的数值减小会导致企业选择"资源化"策略的概率增大，如图7-27所示。原因可能在于企业资源化获得的地方政府奖励 J_d 增加会减少企业进行资源化的成本压力，同时企业资源化成本的降低会带来有机肥的价格优势，促进农户对有机肥的选择。

（二）系统仿真模拟

运用系统动力学方法，仿真模拟最优情景下，各方主体参数与策略行为选择实验。图7-28显示了农户和养殖企业演化博弈的系统动力学模型。模型包含了2个流位（level）变量，2个流率（rate）变量，8个中间（intermediate）变量和10个外部（external）变量。

1. 参数赋值

进行仿真模拟前，首先应对模型中所有的常数、状态变量等赋予初始值。所赋初始值应满足 $0 \leq x = (m - T_1 - W + O + R)/J_d \leq 1$，$0 \leq y = C/(J_d + S) \leq 1$。赋值情况见

表7-32。

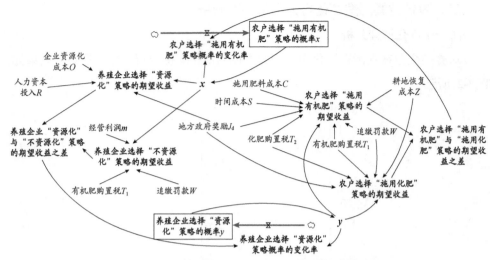

图7-28　农户和养殖企业演化博弈的系统动力学模型

表7-32　博弈模型外部变量含义及其参数

参数	赋值	参数	赋值
经营利润 m	20	化肥购置税 T_2	0.3
企业资源化成本 O	16	耕地恢复成本 Z	18
人力资本投入 R	10	施用肥料成本 C	8
追缴排污罚款 W	14	政府奖励标准 μ	0.5
有机肥购置税 T_1	0.2	行政效率 k	15

2. 仿真结果

（1）两种奖励机制的仿真。为进一步验证演化博弈分析得到的地方政府奖励 J_d 为演化均衡结果 $B(1, 1)$ 的关键影响因素，设置参数模拟动态奖励和静态奖励两种情况，模拟结果如图7-29和图7-30所示。

图7-29和图7-30分别显示了在静态奖励策略和动态奖励策略下，农户在选择"施用有机肥"策略和企业选择"资源化"策略概率的演化过程。农户在静态奖励策略下选择"施用有机肥"策略的概率在前5周一直向0趋近，在第8周开始向1趋近，最终在第15周选择"施用有机肥"策略，养殖企业需要经过9个周期左右才能实现向1的趋近。而在动态奖励策略下，农户选择"施用有机肥"策略的概率在经

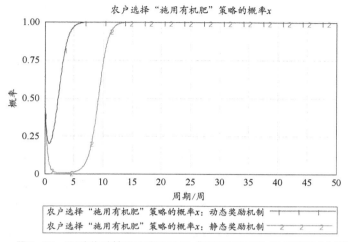

图7-29　两种奖励策略下农户选择"施用有机肥"策略的演化过程

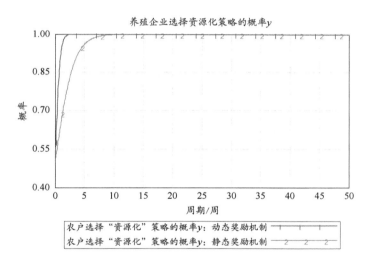

图7-30　两种奖励策略下企业选择"资源化"策略的演化过程

过大概3个周期的波动后，开始向1的趋近，并最终于第7周实现"施用有机肥"策略的选择，而养殖企业经过3个周期就实现了"资源化"策略的选择。可见农户和养殖企业在动态奖励策略下能够使得农户与养殖企业在短时间向（有机肥，资源化）情景趋近。同时我们可以发现，在静态奖励机制下，农户在前5个周期是向0趋近的，其原因结合我们的实地调研解释在于奖励更多是针对养殖企业的，对农户只有间接的影响，这种影响是由于在粪污资源化生产周期内，奖励有利于养殖企业减少资源化成本投入，最终降低有机肥价格，从而为农户带来种植成本收益，同时，政府奖励的发放周期也会对农户与养殖企业的最优策略选择产生影响。因此，我们在构建动态奖励机制中，考虑政府奖励标准的同时，也需要考虑政府行政效率对最终结果的作用。

（2）动态奖励下奖励标准的仿真。验证了动态奖励机制相比静态奖励机制能够推进演化均衡点 $B(1, 1)$ 的实现，现需要进一步模拟动态奖励机制中政府奖励标准的最优情况，以及政府行政效率的影响。因此，设置地方政府对企业资源化的奖励 J_d 与企业资源化概率 y、资源化成本 O 正相关，μ 为政府奖励标准（政府对资源化改建企业给予的一次性补贴奖励，初始值为0.3，即补贴标准为改建成本的30%），k 为行政效率（政府对改建企业进行的审核、验收、奖励发放的行政周期，单位：d），如以下公式：

$$J_d = k \times O \times \mu \times y$$

设置政府奖励标准 μ：奖励标准1、2、3、4分别为0.25、0.35、0.45、0.55，模拟结果如图7-31和图7-32所示。

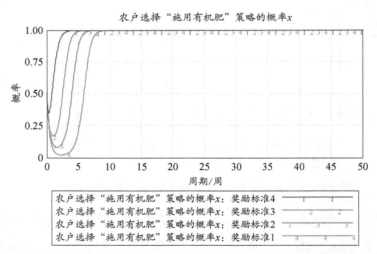

图7-31　奖励标准 μ 的变化对农户选择"施用有机肥"策略的演化过程

图7-31和图7-32显示了不同奖励标准下，农户选择"施用有机肥"策略和企业选择"资源化"策略的博弈演化过程。当 $\mu=0.25$ 时，农户选择"施用有机肥"策略经过9个周期后，概率趋向于1，企业采取"资源化"策略经过7个周期后，概率

趋向于1；当 μ = 0.35时，农户选择"施用有机肥"策略经过7个周期，概率趋向于1，企业采取"资源化"策略经过5个周期，概率趋向于1；当 μ = 0.45时，农户选择"施用有机肥"策略经过5个周期，概率趋向于1，企业采取"资源化"策略经过3个周期，概率趋向于1；当 μ = 0.55时，农户选择"施用有机肥"策略经过3个周期，概率趋向于1，企业采取"资源化"策略经过1个周期，概率趋向于1。由此可以看出，政府奖励标准为0.55时，农户选择"施用有机肥"策略和企业选择"资源化"策略的概率最大。

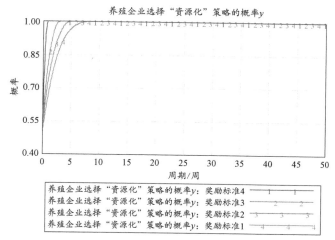

图7-32 奖励标准 μ 的变化对企业选择"资源化"策略的演化过程

（3）动态奖励下行政效率的仿真。行政效率 k 是影响政府奖励 J_d 的影响因素。因此，设置行政效率 k 分别为15、10、7、5，即行政周期为15、10、7、5d，仿真结果如图7-33和图7-34所示。

图7-33和图7-34显示了不同行政效率 k，农户选择"施用有机肥"策略和企业选择"资源化"策略的博弈演化过程。在行政效率 k = 15时，农户选择有机肥策略的概率经过26个周期最终趋向于1，企业选择"资源化"策略的概率经过9个周期最终去向于1；当行政效率 k = 10时，农户选择"施用有机肥"策略的概率经过16个周期最终趋向于1，企业选择"资源化"策略的概率经过6个周期趋向于1；当行政效率 k = 7时，农户选择"施用有机肥"策略的概率经过13个周期趋向于1，企业选择"资源化"策略的概率经过3个周期趋向于1；当行政效率 k = 5时，农户选择"施用有机肥"策略的概率经过10个周期趋向于1，企业选择"资源化"策略的概

率经过1个周期趋向于1。由此可见，政府行政效率 k 的不断减小，将有利于农户选择"施用有机肥"策略与企业选择"资源化"策略的概率增大。

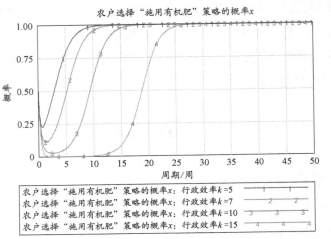

图7-33　行政效率 k 对农户选择"施用有机肥"策略的演化过程

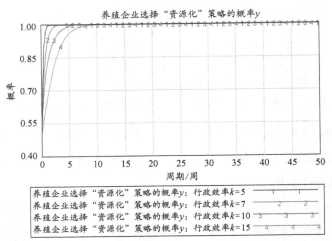

图7-34　行政效率 k 对企业选择"资源化"策略的演化过程

三、养殖业粪污资源化利用实务分析

对生猪养殖场投资人、企业管理人员、蔬菜种植户、茶园管理人员、农户等进行了访谈，形成了详细的访谈材料，获得了养殖企业资源化的调查数据，以安化县聚鑫牧业有限责任公司（以下简称"聚鑫牧业"）的生产经营数据为样本进行分析。

其中，聚鑫牧业旗下有 A 养殖场生猪存栏量1 700头，采用干清粪工艺，处理水量约30.6 t/d；B 养殖场生猪存栏量2 000头，采用干清粪工艺，处理水量约36 t/d；C 养殖场生猪存栏量800头，采用干清粪工艺，处理水量约24 t/d，均为沿资江干流500 m 外养殖规划区分布，随机选取 B 养殖场进行深入调研。

（一）企业改建审批流程

2018年益阳市印发《益阳市生猪规模养殖场建设管理办法》，以期通过源头防控实现污染治理。根据实地调研反馈，当地对生猪养殖场的建设实际情况为：在禁养区和限养区内禁止新、扩、改建养殖场，特别在资江干流安华段距河岸线200 m范围；新、扩、改建养猪场必须落实动物防疫措施、做到生活区、管理区、生产区分离，建设必要防疫消毒和无害化处理设施，对环境影响评价、建设规模、污染防治设施与养殖场规划同时设计、同时施工、同时验收，计划在5年内实现生猪养殖污染的零排放。由于规划安排的迫切性，小淹镇生猪养殖企业于2017年开始进行养殖企业畜禽粪污资源化处理。受来自上级部门监管和农村居民需要的直接压力，到2018年初步实现养殖业粪污治理的基本任务（畜禽粪污资源化改造流程如图7-35所示）。

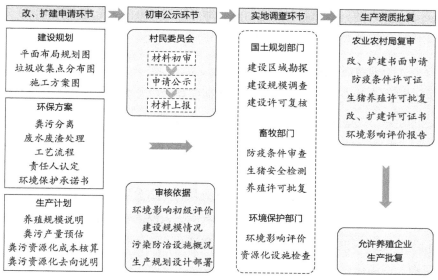

图7-35 企业畜禽粪污资源化改造流程

（二）企业资源化工艺流程

以聚鑫牧业 B 养殖场为例，其粪污处理的工艺流程经过完善的设计，且作为目前小淹镇生猪养殖企业粪污资源化处理的典范。详细流程如图7-36所示。

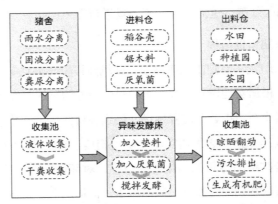

图7-36 聚鑫牧业 B 生猪养殖场粪污处理流程

该养殖场粪污处理工艺实行"三改两分离"，以减少各处理设施运行负荷。养殖场粪污通过储粪池收集后，进入集污池中采用渣浆泵及喷淋管道喷淋异味发酵床，在异味发酵床中添加垫料（谷壳、锯末、菌种）并用翻耙机定期翻耙，剩余污水回流至集污池。发酵后有机肥用于菜地、茶园、果园、草地、林（竹）等地用作基肥、追肥或者外销。

（三）企业资源化经济分析

根据对聚鑫牧业 B 养殖场的实际走访调研获取了其畜禽粪污资源化处理过程中存在的生产、销售状况。生产过程中，资源化处理周期需要半年时间，排污情况为100 m³/ 周，半年需处理排污2 600 m³。处理环节中，一个周期需要入锯末等固料1 300 m³，厌氧菌260包，平均7d 需要1h 翻一次收集池粪料，每次用电23度。出料阶段中，一次出料为1 152 m³。粪污资源化处理的经济分析如表7-33所列。

由于调研过程中养殖场出于商业竞争考虑，未提供近年来的养殖场生猪成本收益情况，故只对聚鑫牧业 B 养殖场粪污资源化产生的效益进行经济分析。由表7-33可知，资源化过程带来了可观的经济收益，资源化过程产生的生产支出总计34 593.95元，带来有机肥额外收益为43 200元，净利润为8 606.05元。由此可见，粪污资源化能够为养殖企业带来实际的收入，进而有利于推动粪污资源化利用行为。

表7-33　2020年聚鑫牧业 B 养殖场粪污资源化处理的经济分析

成本费用				收入				利润
产品名称	规格型号	数量	金额	产品名称	规格型号	数量	金额	
锯末	100 元 /m³	1 300 m³	130 000 元	有机肥	37.5 元 /m³	1 152 m³	43 200 元	
厌氧菌	8 元 / 包	260 包	2 080 元					
用电	0.525 元 /Kw·h	598 Kw·h	313.95 元					
人力工资	800 元 / 月	4 人	3 200 元					
成本费用合计			34 593.95 元	收入合计			43 200 元	8 606.05 元

四、结果讨论

2017年，国务院办公厅印发《国务院办公厅关于加快推进畜禽养殖废弃物资源化利用的意见》后，湖北、湖南等长江流域的农业大省协调行动，在畜禽养殖禁养区等三区划定、畜禽养殖污染减排要求、养殖场标准化和规模化建设，补贴标准等方面统一标准，规范养殖企业生产行为，引导企业遵守环保法律，强化了养殖业粪污资源化利用工作，降低了重金属污染风险。

2017年湖北印发《湖北省生猪标准化规模养殖场（小区）建设项目管理办法（试行）》，其中明确项目补助标准分4个档次，年出栏500～999头的养殖场每个补助20万元，年出栏1 000～1 999头的养殖场每个补助40万元，年出栏2 000～2 999头的养殖场每个补助60万元，年出栏3 000头以上的养殖场每个补助80万元。项目资金可按项目建设进度拨付，也可采取先建后补拨付方式。采取按进度拨付方式的，由县级农业（畜牧兽医）部门会同发展改革部门现场核实项目建设进度并提出审核意见后，提交县财政部门预拨资金；采取先建后补方式拨付的，由业主先用自有资金开展项目建设，由县级农业（畜牧兽医）部门会同发展改革部门现场确认开工建设后，先拨付30% 的资金，待项目竣工验收合格后再拨付剩余项目资金。

2017年，安化县根据湖南省相关文件精神，出台了《安化县2017—2020年养殖业发展规划》，确定了"先退出，后改建"的畜禽粪污企业改造路线。根据2018—2020年安化县人民政府官网公布的《关于拨付畜禽退养异地新建建设资金的通知》，以及《安化县禁养区畜禽退养异地新建标准化养殖场奖补资金实施方案》对补贴标准的要求，安化县改建情况如表7-34所列。

表7-34 2018—2020年安化县畜禽粪污资源化改建情况

年份	2018			2019			2020		
	改建企业数	补贴标准	补贴总额	改建企业数	补贴标准	补贴总额	改建企业数	补贴标准	补贴总额
第一批	5	25%	178 977 元	27	35%	3 296 491 元	49	45%	2 074 101 元
第二批	2	25%	100 259 元	13	35%	1 139 468 元	49	45%	2 519 366 元
第三批	4	25%	61 766 元	12	35%	1 402 140 元	55	45%	2 320 014 元
第四批	5	25%	136 579 元	34	35%	1 839 533 元	73	45%	4 816 944 元
第五批	21	25%	1 837 797 元	32	35%	1 932 393 元	48	45%	1 905 168 元
总计	37	25%	2 315 378 元	118	35%	9 610 025 元	274	45%	13 635 593 元

根据对聚鑫牧业 B 养殖场实际调研结果发现，安化县在2018年给予补贴标准为25%（改建有效面积建设成本的25%）时，当地共有37家养殖企业进行了资源化改建申请；到2019年补贴标准调整为35%后，参与改建企业达118家，同比增长218.9%，补贴标准的增加对当地资源化改建的效果明显；到2020补贴标准为45%时，共有274家企业参与改建，同比增长132.2%，基本验证了前文研究中补贴标准的增加对企业资源化改建的促进作用。

针对资源化改建审批流程中存在的行政效率问题，安化县于2020年颁布的《安化县畜禽粪污资源化利用设施装备建设贷款财政贴息扶持资金管理办法》中，重新规定：收到申请报告及相关资料后，乡镇人民政府在12个工作日内组织乡镇财税所、动物防疫站等部门对养殖场（户）的申报材料、养殖规模以及畜禽粪污资源化利用设施装备建设情况进行审核，审核通过后由乡镇财税所形成统一的审核报告和报表报县财政局审批，同时，县财政局和畜牧水产事务中心收到乡镇审核报告之日起10个工作日内完成审批和资金拨付工作。相较于2018—2019年资金审批发放需要60 d 左右的周期，行政效率提高了63.3%。从而精简了审批流程，激发了企业资源化改建的热情。

五、研究结论

在中央政府的统一要求下，湖南、湖北两省同步行动，制定了相关法律法规，借助行政手段，辅以市场调节作用，通过示范引导，推进标准化生产，规范企业畜禽养殖行为，配套污染防治设施建设，实现了中央政府、地方政府、企业和农户多赢局面，达到了重金属污染风险防范，保护生态环境，促进养殖业高质量发展的目的。

（1）中央政府驱动是优化长江中游省份养殖业粪污资源化利用省域协同与行业高质量发展外部生态的重要助力。地方政府对当地养殖企业技术改造和设施改建进行资金扶持，引导农户购买产品，能够缓解企业在发展初期面临的资本投入压力与市场不稳定性问题，促使企业与农户向资源化利用的策略演化。

（2）企业不同策略下的成本以及行业高质量发展新导向下的市场额外收益能够影响养殖企业与政府、农户的合作意愿，资源化利用下的投入成本与原始生产方式下的投入成本应该控制在一定范围之内，二者分别会对资源化利用新策略的选择带来负向与正向的效应；资源化利用新模式下政府补贴、动态激励机制和额外收益会为博弈双方带来良好的未来预期，强化双方的合作意愿。

（3）市场合理的利益分配机制与有效的动态激励机制是保障企业与农户选择资源化利用策略稳定性的重要手段。合理的利益分配机制能够保障地方政府、养殖企业和农户获得满意的合作收益，实现多方共赢；有效的动态激励与监督惩罚机制约束了博弈双方按照既定协作策略进行合作，保障双方协同策略的稳定性。

本章小结

基于演化博弈模型分别对政府、企业、公众三方和相邻地区政府间进行纵向与横向演化博弈分析。明确了重金属污染风险防范中各行为主体进行演化博弈的目的，厘清了各主体的行为互动机制以及存在的利益诉求和矛盾；基于政府、企业、公众间的纵向关系和相邻地方政府间的横向联系，分别构建演化博弈模型；分析了各模型的博弈演化过程与博弈演化稳定策略，针对重金属污染风险防范提出合理规制策略；运用 Vensim PLE 仿真软件对演化博弈分析结果进行模拟实验，进一步提出地方政府对企业采取动态惩罚的策略，以此实现各行为主体下博弈系统的快速收敛，避免污染反弹现象；基于湖南、湖北两省养殖企业的实地调研数据，进行养殖业重金属污染风险防范实例分析，中央政府、地方政府、企业和农户多赢的结果证明了仿真结论的有效性；本章形成的多主体合作共识为下一步构建全域重金属污染风险信息管理系统提供合作前提。

第八章　全域重金属污染风险信息管理研究

　　长江经济带重金属污染风险防范是典型的外部性问题，厘清好各行为主体间利益关系后迫切需要综合运用信息技术构建中央政府、地方政府、涉重金属企业以及公众之间的信息共享与协同平台，为环境管理和精准高效执法提供技术支持。

　　除了前文讨论的污染源集成管理、环境风险评价与管理决策、风险全过程管理及行为主体博弈分析等问题外，一个良好的污染风险信息共享平台可解决重金属污染风险防范机制中各主体行为独立、数据采集、证据收集、环境决策分散、环境执法成本高、效率低等系列困难。

　　城市数字平台是结合了人工智能、物联网、大数据、地理信息系统、视频云，以及融合通信和安全应急的综合信息平台，是实现"数字中国"的重要载体和抓手，为构建长江经济带全域重金属污染风险信息管理系统提供新的有力手段。

第一节　城市数字平台及方法

一、技术背景

　　传统环保部门各自为政的信息化建设模式，已经不能满足生态环境保护工作日新月异的需求，打通各环保应用下面的基础资源平台，建立一个跨区域、跨行业、跨部门的城市数字平台，为智慧环保应用提供视频云、大数据、物联网、地理信息系统、集成通信平台等能力，并与 AI（人工智能）结合，通过 IT 技术（互联网技术）实现向上与应用对接，向下链接数据。

　　基于城市数字平台，各类底层环保数据得以共享，能力最大程度被释放，由此降低投入成本，提升运行效率，同时为后续数据融合、应用打通、智能决策奠定了基础。

城市数字平台的整体架构主要包括云计算、云服务、集中设计、统一运营和维护，以提高运营和维护效率，按需调用，自由扩展，让新服务快速上线。

基于大数据技术，突破部门之间的数据壁垒，收集整理各政府部门的线下结构化数据，生成数据资源目录，搭建政府数据资源中心，通过大数据平台的交换和共享，服务于各政府部门，为其提供服务和业务支持。

二、技术元素

城市数字化平台主要包括以下元素：

（1）GIS一张图：将不同的资源放置在地图上以进行分析展示，从各个角度查看，通过地理实体关系连接不同部门和数据中心的数据，提供全面的数据合并服务，使用一张地图实现对职能部门业务数据的全面挖掘和展示。

（2）融合通信：提供上下联动的融合通信，实现语音、会议、监控、短信接入，将业务与通信融合，实现PC端、移动端、大屏端的三端联动，组织指挥各部门领导、现场处置人员、各领域专家进行可视化的在线会议，各方依据现场画面实现快速精准处置。

（3）物联网：以一张网、一个平台、连接一个应用的建设模式，实现面向物联网应用的各种传感器设备的统一接入、管理和数据采集，向上对接支持多种智能应用。

通过创建统一的城市数据平台，智慧城市可以协调云计算资源、大数据资源、地理信息资源和视频资源，以实现善政、惠民、兴业。多个应用程序被传输到一个全新的数字平台上，打破信息孤岛，实现环保业务数据与信息技术的深度融合。

第二节　基于城市数字平台的重金属污染风险信息管理

一、业务逻辑分析

传统的环境管理业务流程冗杂且低效，发生重金属污染偷排漏排事件时，环保监测工作人员或热心公众通过电话、短信的方式向环保监测站报告，需要后续人工取证，现场拍照，手动填写污染源管理表格，时间滞后；后期环保执法需要多次现场查看，电话协调确认；最终联合执法时，各部门请示汇报周期长，以历史经验决策风险大，联合执法阻碍多。

基于数字平台的重金属污染风险防范流程快速高效，可以大大降低管理成本，提高工作效率，提高各区域的环境治理能力，包括以下业务流程。

（1）事故上报：利用物联网打通各部门数据，实现城市各领域预警信息及救援资源的统一呈现。

（2）事故核查：利用物联网调用物联终端，如利用摄像头进行事故定位及信息核查。

（3）影响分析：通过大数据进行污染事故影响预测及研判。

（4）应急预案：打通环保、公安、医疗、宣传、交通、应急等部门数据，基于 GIS 一张图呈现周边应急资源及最佳救援路径。

（5）统一指挥：管理中心升级为应急指挥中心，进行统一指挥和联合处置。

该流程涵盖了监测预警、分析决策和联动指挥全过程。其主要管理工作如图8-1所示。

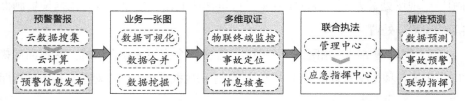

图8-1　基于城市数字平台的重金属污染风险信息管理环节

二、重金属污染风险防范与数字技术融合分析

基于城市数字平台的重金属污染风险防范关键在于利用好数字平台，以云平台为基础，整合新的 ICT 技术（信息与通信技术），融合数据，实现重金属污染防范业务协同与创新。

通过数据共享实现各环保相关部门的工作协同和科学决策，将所有业务与时空多维关联，实现统一监控、实时呈现、协同管控，特别是长江流域各省市，达到跨区域、跨部门视频共享，一个指挥中心掌控全局。

（一）基于城市数字平台的工作机制分析

重金属污染风险防范包括污染风险综合监测、污染源集成管理、环境管理决策、环境综合执法四大工作机制。

重金属污染风险综合监测范围包括：大气环境中重金属浓度实时监测、水环境中重金属污染浓度实时监测、流域土壤环境中重金属浓度实时监测、主要粮食产区重金属浓度定时监测、工业区"三废"综合监管、城市道路交通环境重金属实时监测，如图8-2所示。

重金属污染风险综合监测

图8-2　基于城市数字平台的重金属污染风险综合监测

风险源头管理是整个风险防控的重点，基于全生命周期角度进行污染源管理，并对风险状况进行评估，为了落实责任推行网格化管理，如图8-3所示。

重金属污染源集成管理

> 污染源全生命周期管理　＋　环境网格管理　＋　污染源全生命周期评估

图8-3　基于城市数字平台的重金属污染源集成管理

通过设置关键指标，并对风险指数进行评估，绘制城市生态地图，结合环境经济分析，绘制企业环境画像，实时分析数据舆情，可以辅助科学决策，避免决策失误，决策要素如图8-4所示。

重金属污染风险环境管理决策

> 关键指标及指数评估　＋　城市生态地图　＋　环境经济形势分析
> ＋　大数据舆情分析　＋　企业环境经济画像

图8-4　基于城市数字平台的重金属污染风险环境管理决策

环境综合执法是体现环境治理能力的重要指标，包括立案管理、预案管理、现场执法管理、联合执法管理和应急调度管理等核心环节，如图8-5所示。

环境综合执法

> 立案管理　＋　预案管理　＋　现场执法管理　＋　联合执法管理　＋　环境应急调度管理

图8-5　基于城市数字平台的重金属污染风险环境综合执法

（二）风险信息与数字技术融合

为实现以上管理需求，需要获取全域实时数据，包括污染源监测、污染现场监控、大气、水、土壤环境治理监测，通过人工管理终端和大量管控设备获取海量数据，数据来源如图8-6所示。

现场监控 ➡ 污染源监测 ➡ 环境质量监测 ➡ 人工管理终端 ➡ 总量管控设备

图8-6　基于城市数字平台的重金属污染风险管理数据来源

5G技术的运用和物联网的逐步完善，为全域重金属污染监控提供可行性技术，IoT（物联网）技术实现了全域感知和泛在连接，基于大数据和技术数据的共享实现跨区域、跨部门协同与科学决策，并把所有业务数据通过GIS统一呈现；根据所获取的多维信息，利用大数据和AI技术对其进行分析，使事故现场更直观、预测预警更智能、执法资源更丰富。底层数据和技术与业务融合如图8-7和图8-8所示。

图8-7　基于城市数字平台的重金属污染风险管理底层数据与业务融合

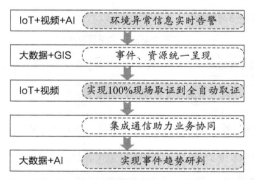

图8-8　基于城市数字平台的重金属污染风险管理技术与业务融合

第三节　全域重金属污染风险信息管理系统开发与应用

运用信息系统开发、数据库管理等技术，基于城市数字平台构建长江经济带重金属污染风险防范信息管理系统。

一、需求分析

了解用户需求、确定系统设计的限制及深入分析系统的功能与性能是系统需求分析的目标。

在需求分析阶段，系统的用户需求是主要的分析对象。收集用户的使用需求，但不能接受现阶段无法实现的用户要求；准确表达可以满足的用户需求是系统设计的基础，需求分析通常以目标系统的业务流程作为系统开发项目的参考，需求分析的任务是基于当前系统的业务逻辑，导出目标系统的数据处理逻辑，解决目标系统"做什么"的问题。根据不同定义，系统可分为若干项子系统，但最重要的是该系统的核心功能需求，其必须作为信息管理系统实现的核心功能，其他需求可以通过系统迭代升级方式逐步完善。

根据长江经济带重金属污染风险信息管理系统不同使用主体对污染风险信息日常管理的需求，得到以下主要需求：

（1）在授权管理方面，只有授权人员才能使用该系统。该系统的用户分为系统管理员与普通用户。每个角色只能在对应模块中执行相应操作，不能超过权限。对于服务器配置（操作系统、信息发布平台设置等）和服务器安全性（备份机制和防病毒措施），在数据下载期间，数据传输有加密要求。

（2）在主要模块构成方面，根据各使用主体对重金属污染风险管理的特点，主要完成以下几部分的操作。

①用户管理：更改登录密码、基本信息等。

②重金属污染风险信息管理：二维信息包括环境载体类别、浓度、时间、物理坐标等，其功能包括添加、编辑、删除、查询和打印区域信息。

③城市三维模型数据管理：主要浏览城市污染区域的三维空间特征，实现缩放、360°旋转、更改视角和颜色等功能；远程上传和下载3D（三维）模型数据。

④安全管理功能：从服务器中选择适当的数据传输软件，确保数据传输安全，在与服务器传输数据时加密数据；建立服务器备份机制以确保数据安全；改进服务器防病毒措施以确保服务器安全。

（3）完成页面文件的设计并为每个页面提供所需的公共信息。调用此网页可以直接调用信息和服务，而无须考虑具体的实施方法。当公共信息需要更改时，只需直接编辑类文件，而无须编辑每一页。

（4）执行用户身份验证，确定用户权限，并提供所有模块的权限信息，包括管理员可以查看各用户登录成功和失败历史记录。

（5）完成系统主页设计，为每个模块提供标准的统一显示接口和分层接口，这些接口信息必须从数据库中提取并动态生成。

系统功能设计如图8-9所示。

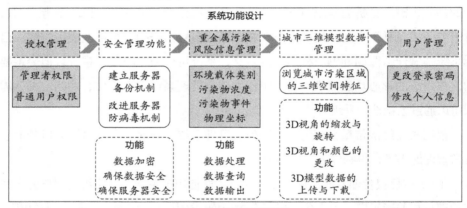

图8-9　系统功能设计

二、设计原则

重金属污染风险信息管理系统具有广泛的覆盖面、高难度、复杂的业务逻辑关系和长期的迭代周期，必须循序渐进，应用系统的总体结构是最重要的，关系到整个信息系统的成败。长江流域涉及广大地区、众多业务部门和复杂系统应用的情况，系统应用架构开发应具有以下特点：

（1）全面性，系统架构必须要完整。除了满足用户可以在二维和三维状态浏览重金属污染风险信息等主要功能外，还要支持城市数字平台中其他业务的开发、实施和整合。因此，在系统开发过程中采用了"统筹规划、分步实施"的原则，同时保证系统的安全。

（2）前瞻性，适应环保工作变化和调整的需要。随着重金属污染监测技术的改进，环境管理方法、综合执法流程的相应变化要求该系统提供尽可能多的重金属污染信息，以满足今后的需要。

（3）继承性，考虑到现有系统在不同用户管理体系中的定位及其后续发展，为了节约资源，顺利从旧系统过渡到新系统，需要使用现有的环境数据，包括可控制的仪器和设备。

（4）实用性，以符合成本效益为目的，运用先进和成熟的开发平台构建实用系统解决实际问题。与此同时，还需要一个简单的操作系统、一个易于使用的界面和各种保护措施来保障用户的操作，使用中要充分利用现有的计算机资源，降低开发成本。

总之，系统架构的设计和开发必须以现实重金属污染风险防范业务为基础，把握不同主体之间业务需求的差异和联系，根据不同用户的特点，遵循标准、科学、普遍、实用、安全和易用等原则，规划整个信息管理系统的体系结构，通过双重管理和技术实现资源共享和系统可维护性。

三、功能设计

重金属污染风险信息管理系统应连接传感器以显示污染来源的实时监测数据；连接到监控点上的在线监视器以查看污染源监控视频，实时查看监视设备状态和其他功能；与此同时，对污染源和监测点进行在线监测，连接视频信号，以查看监测点环境污染的实际情况。基于数据库技术，对污染数据进行统计分析，设置安全阈值，为环境决策提供预警预报，同时为环境执法多维度自动取证。

1. 污染源在线监控

构建全域二维模型，在线查看和查询各污染源监控点和监控设备状态的最新数据，例如实时的监控视频和定期监控污染源排放、COD（总有机碳）、TOC（总需氧量）、pH等信息。显示监测站点的信息应包括监测站点名称、所属河流支流、河流名称和当地水质类别。

2. 监测数据管理

实时显示监测点主要污染源指标和实时的水质信息，包括某一污染源的排放流量和总排放以及砷、铅、镉等重金属浓度、溶解氧、高锰酸钾指数、总磷、综合生物毒性（发光菌）、氨氮、浊度、pH、电导率、水温等测量值。

3. 多元数据融合

综合调用城市数字平台中公安、医疗、宣传、交通、应急等部门数据，对重点区域、重要污染源进行全天候监控，收集天气、交通和监控视频信号并将其转换为综合信息，实现重点区域多元数据融合与呈现。

4. 数据分析与辅助决策

监测水、大气、土壤等环境媒介中污染的实时数据和历史数据，分类统计并生成地图信息，便于各级环保部门了解和掌握污染源监测点的动态信息；收集长江流域各省历年重金属排放数据并利用数据挖掘技术，将数据的内在联系和规律进行可视化呈现；让环保决策部门直观的分析各地区、各时段重金属的排放量和排放变化情况，依此作出相应的预警和应急管理决策。

四、系统应用

系统运行于 Windows 系列操作系统下，界面及操作遵循 Windows 规范，用户操作简单方便，熟悉 Windows 操作系统的用户可以轻易地使用本系统。建议使用 IE10.0 或更高版本的浏览器，以确保用户能够以最佳效果使用系统。

监测长江流域重金属污染排放，统计分析各省重金属排放情况，基于获取的各个监测站点的重金属排放数据进行可视化分析及辅助环境决策。

1. 用户注册与登录

系统包括系统登录界面以及注册页面、系统主界面、长江流域各省水质监测界面、重金属排放数据，并提供了数据查询、数据上传以及下载等功能。系统登录界面如图8-10所示。

未注册的用户需要进行注册，交由后台管理进行审核，并给予相对应的权限。系统管理员和子级用户登录后具有不同的权限，这些权限会让使用者进入不同的操作界面。只有经授权的人员才能访问该系统，使用系统的用户被划分为不同的管理员角色，每个角色只能在此模块中执行相应的操作，不能执行未经授权的操作。系统注册界面如图8-11所示。

图8-10 系统登录界面

图8-11 系统注册界面

2. 系统主界面

系统主界面分为两部分，左边是长江流域部分省份重金属含量浓度图，根据颜色的深浅可以看出各省的污染情况；右边则是长江流域各个省份的重金属含量（包括铅、铬）全年总量的统计图，将数据可视化，通过柱状图和饼状图更直观地表现出来。鼠标悬停在柱状图的界面上可以看到具体的含量数值；放在饼状图上同样也能看出具体数值以及单独每个省份在整个长江流域所占的百分比。

3. 省域重金属排放情况分析

云南省2012年至2016年重金属铬排放处于平缓态势，但重金属铅的排放量从2012年开始逐年减少，得益于云南省组织实施《云南重金属污染综合防治"十二五"规划》，如表8-1所列。

贵州省2012年至2016年重金属铅排放量逐步下降，2016年时降低到41.65 kg，但重金属铬的排放2014年有异常增加，排放量达9 351.4 kg，在2015年后回归到正常排放量，如表8-2所列。

表8-1　2012—2016年云南省铅、铬排放总量变化

单位：kg

	2012 年	2013 年	2014 年	2015 年	2016 年
铅排放量	8 916.2	6 348.4	4 846.4	5 065.9	4 158.87
铬排放量	94.3	117.6	189.7	167.1	156.25

表8-2　2012—2016年贵州省铅、铬排放总量变化

单位：kg

	2012 年	2013 年	2014 年	2015 年	2016 年
铅排放量	289	265.7	396.6	72.8	41.65
铬排放量	94.3	63.9	9 351.4	335.4	785.96

四川省2012年至2016年重金属铅的排放量整体呈现出上升趋势，尤其是在2016年，重金属铅的排放量增加了3倍，达到了11 337.38 kg，但重金属铬的排放处于下降的趋势，如表8-3所列。

表8-3　2012—2016年四川省铅、铬排放总量变化

单位：kg

	2012 年	2013 年	2014 年	2015 年	2016 年
铅排放量	1 645.7	1 137.3	1 208.8	3 787.5	11 337.38
铬排放量	3 604.6	1 835.2	1 790.4	2 685.4	1 143.22

四川省2017年重金属排放主要分布在长江（金沙江）流域、雅砻江流域、安宁河流域、大渡河流域、青衣江流域、岷江流域、沱江流域、涪江流域、嘉陵江流域以及渠江流域。其中沱江流域重金属排放量最大，达2 980 kg；长江（金沙江）流域、大渡河流域、涪江流域次之，排放量都达到了1 000 kg 以上；岷江流域和渠江流域重金属排放较少，排放均值在400 kg 左右；雅砻江流域、安宁河流域、青衣江流域以及嘉陵江流域排放最少，排放值最高为70 kg，最低为20 kg，属于污染最轻的流域，如表8-4所列。

重庆市2012年至2016年重金属排放变化趋势平缓，并且重金属铅、铬排放总量较少，属于污染程度较低的省市，如表8-5所列。

表8-4 2017年四川省十大流域重金属排放量

流域名称	排放总量 /t	流域名称	排放总量 /t
长江（金沙江）	1.17	岷江	0.54
雅砻江	0.02	沱江	2.98
安宁河	0.06	涪江	1.26
大渡河	1.1	嘉陵江	0.07
青衣江	0.05	渠江	0.41

表8-5 2012—2016年重庆市铅、铬排放总量变化

单位：kg

	2012 年	2013 年	2014 年	2015 年	2016 年
铅排放量	88.4	95.2	112.7	82.6	113.15
铬排放量	513.1	428.4	706.0	706.2	494.18

　　湖北省2012年至2016年重金属铅、铬排放量都是先增加后减少，重金属排放量在2015年开始减少，且减排效果显著。仅一年的治理时间，重金属铬的排放量从13 538.7 kg下降到3 379.7 kg。重金属排放的减少得益于《重金属污染综合防治"十二五"规划》以及湖北省环境保护厅在2013年12月5日发布的《湖北省环境保护厅办公室关于进一步加强重金属污染环境监管工作的通知》，极大地促进了重金属污染减排工作，如表8-6所列。

表8-6 2012—2016年湖北省铅、铬排放总量变化

单位：kg

	2012 年	2013 年	2014 年	2015 年	2016 年
铅排放量	3 292.3	2 624.3	5 881.8	3 989.4	1 751.6
铬排放量	12 484.8	9 924.0	13 538.7	3 379.7	1 810.07

　　湖南省重金属（铅、汞、镉、铬和类金属砷）污染物主要分布在洞庭湖（湖南部分）流域、湘江流域、资江流域、沅江流域、澧水流域以及一些其他流域。其中湘江流域2017年重金属排放量为5 220 kg，为区域内重金属污染最严重地区，其次为沅江流域。2017年湖南省内各流域重金属排放量如表8-7所列。

表8-7   2017年湖南省各流域重金属排放量

流域名称	排放总量 /t	流域名称	排放总量 /t
洞庭湖（湖南部分）	0.24	沅江	2.01
湘江	5.22	澧水	0.11
资江	0.83	其他流域	0.82

在排放的重金属中，铅和铬的数量远高于其他金属，为了分析湖南省铅、铬重金属排放趋势，统计2012年至2016年的重金属（铅、铬）排放量，可以直观体现出重金属铅、铬排放量呈下降趋势，部分得益于2012年湖南省开始实施《湖南省湘江保护条例》，大力推进湘江流域涉重金属企业节能减排工作，取得良好效果，如表8-8所列。

表8-8   2012—2016年湖南省铅、铬排放总量变化

单位：kg

	2012 年	2013 年	2014 年	2015 年	2016 年
铅排放量	38 607.3	24 318.6	21 609.3	18 172.8	14 564.79
铬排放量	18 168.9	11 366.9	5 918.9	8 161.2	2 299.74

统计2010—2015年江西省五类重金属排放量，其中铅、砷、铬排放比重最大，如表8-9所列。

图8-9   2010—2015年江西省五类重金属排放量

单位：kg

年份	汞	镉	铬	铅	砷
2010	117.31	3 117.26	4 778.11	9 591.61	14 170.19
2011	87.65	2 758.83	22 541.24	9 245.47	10 777.62
2012	88.25	2 286.97	17 325.12	6 571.38	8 650.83
2013	71.54	1 951.74	17 452.97	5 567.55	9 302.96
2014	67.00	1 741.00	827.00	6 037.00	7 306.00
2015	81.00	2 063.00	1 138.00	9 099.00	9 153.00

2012年至2016年江西省铅排放处于一个平稳的状态，变化趋势不明显；但铬排放有明显的下降趋势，尤其是2013年后，呈现断崖式下跌。这是由于江西省按照《重金属污染综合防治"十二五"规划》和《江西省重金属污染防治工作实施

方案》的要求，在坚持"趋于平衡、等量置换、减量置换"的原则下对重金属污染物总量进行控制；在加强行政执法监督的同时，强化对重金属排放企业生产全过程的监管，加大现场执法检查频次，严格按照"六个一律"要求，严肃查处环境违法行为。江西省在全面整治重金属环境污染的基础上，于2013年开展了涉铅、汞、镉、铬和类金属砷排放重点行业的取缔工作，全省各级环保部门实地检查涉重冶炼企业196家、铅蓄电池企业59家、皮革鞣制企业5家、电镀企业39家；关闭污染严重的涉重企业11家，勒令停产整顿企业25家，责令整改或限期治理企业7家，取得良好的工作效果。如表8-10所列。

表8-10　2012—2016年江西省铅、铬排放总量变化

单位：kg

	2012 年	2013 年	2014 年	2015 年	2016 年
铅排放量	6 750.4	5 726.5	6 145.3	9 206.2	8 602.01
铬排放量	17 438.7	17 563.8	922.3	1 227.9	1 496.45

安徽省2012年至2016年重金属铅排放量处于缓慢下降的状态；重金属铬的排放量从2012年后下降明显，从3 547.5 kg下降到714.6 kg，随后的几年重金属铬的排放总量都处于低水平量级状态。如表8-11所列。

表8-11　2012—2016年安徽省铅、铬排放总量变化

单位：kg

	2012 年	2013 年	2014 年	2015 年	2016 年
铅排放量	1 737.5	1 550.0	1 345.4	1 513.0	1 124.48
铬排放量	3 547.5	714.6	727.9	765.7	644.68

江苏省重金属铅的排放量在2012年后减少约一半，年排放量由2 332.9 kg骤减到1 128.7 kg，随后呈现缓慢下降趋势；重金属铬的排放量在2012—2016年整体也呈平稳下降趋势。如表8-12所列。

表8-12　2012—2016年江苏省铅、铬排放总量变化

单位：kg

	2012 年	2013 年	2014 年	2015 年	2016 年
铅排放量	2 322.9	1 128.7	1 204.1	1 142.6	738.99
铬排放量	11 340.0	8 869.8	9 676.5	9 915.3	6 540.31

浙江省2012—2016年重金属铅的排放总量变化不显著，每年排放量在500 kg上下；重金属铬的排放量逐年减少，特别是2014年和2016年减排效果显著。2014年重金属铬的排放量为12 902.6 kg，与2013年相比减少了5782.1 kg；2016年重金属铬的排放量为7 411.17 kg，与2015年相比减少了4 746.53 kg。如表8-13所列。

表8-13　2012—2016年浙江省铅、铬排放总量变化

单位：kg

	2012年	2013年	2014年	2015年	2016年
铅排放量	498.1	555.3	452.3	724.9	524.75
铬排放量	19 520.0	18 684.7	12 902.6	12 157.7	7 411.17

上海市2012—2016年重金属铅的排放量以2014年为分界，先减少后增加，但总量较小，从321.3 kg减少到131.6 kg，随后又增加到213.68 kg；重金属铬的排放量呈现缓慢下降趋势。如表8-14所列。

表8-14　2012—2016年上海市铅、铬排放总量变化

单位：kg

	2012年	2013年	2014年	2015年	2016年
铅排放量	321.3	173.7	131.6	152.8	213.68
铬排放量	2 815.4	2 443.7	2 523.9	1 821.1	1 773.17

4. 监测点多元数据分析

根据行政区划图，选择不同的省份则会进入相应的系统界面。以湖南省为例，点击查看详情，则会进入长江流域湖南省湘江水质监测信息中心。该系统左边对应的是整个湖南省的行政区图，其中包括湘江的水系图，通过点击图标可以查看各个监测站点的具体信息以及对水质的实时监测数据。

界面左侧地图为湖南省的水系图，可进行缩放，便于查看湘江全域情况以及进行数据采集的监测站点。蓝色图标为不同的监测站点。如图8-12所示。

界面右侧则分为两个部分，第一个部分是监测站点的信息，包括监测站点的名称、当日监测的水质预警、河流信息（所属支流、河流名称）以及相关子页面，分别为监测站点的实时监控情况以及数据查询页面，如图8-13所示。

图8-12　湖南省水系及监测站点分布

图8-13　监测站点信息

　　界面右侧第二个部分则为实时监测数据，显示为一个数据表格，其中右边的日期为数据更新的时间。该部分可以实时显示河流的水质监测，其中包括河流的重金属浓度（砷、铅、镉等）、高锰酸钾指数、总磷、氨氮、溶解氧的浓度、浊度、电导率、pH 值、水温等。如图8-14所示。

项目	测量值	水质类别	标准限值
镉	0mg/L	Ⅰ类	≤0.005mg/L
铅	0mg/L	Ⅰ类	≤0.05mg/L
高锰酸盐指数	7.7mg/L	Ⅳ类	≤6mg/L
砷	0.01mg/L	Ⅰ类	≤0.05mg/L
总磷	0.35mg/L	Ⅴ类	≤0.2mg/L
综合生物毒性（发光菌）	-7.82%	Ⅰ类	≥-20%
氨氮	0.39mg/L	Ⅱ类	≤1mg/L
溶解氧	6.17mg/L	Ⅱ类	≥5mg/L
浊度	236.7NTU		
电导率	140.2μS/cm		
pH	7.03	Ⅰ类	6~9
水温	25.7℃		

实时监测数据　　　　05月16日 20:00

图8-14　实时监测数据

监测站点信息有实时监控情况以及数据查询页面跳转入口，根据用户的需要可以进入不同的界面。其中左侧采用高德地图 API 的卫星影像，对猴子石大桥监测站点进行实时监控，包括水面拍摄图片、视频以及简化的实时交通情况。如图8-15所示。

图8-15　猴子石大桥实时监控页面

监控页面的左侧为监测站点的卫星影像图，可以放大和缩小，也能从不同角度进行旋转，便于从不同角度查看监测站点以及自来水厂的具体情况，包括附近的建筑、交通路线。便于应对突发事件采取最优解决方案，判断最优救援路线。如图8-16至图8-18所示。

监控页面的右侧分别为监测站点区域水面实时拍摄图片、无人机高空实时拍摄的关于监测站点附近的视频以及利用高德 API 技术对监测站点附近交通拥堵情况的实时更新。

图8-16　猴子石大桥卫星影像图（俯视）

图8-17　猴子石大桥卫星影像图（左侧）

图8-18　猴子石大桥卫星影像图（右侧）

　　点击数据查询页面，显示猴子石大桥监测点河流重金属浓度监测页面，左侧为数据查询表格，能够为用户提供相应的查询结果；右侧为对应时间段内3种主要重金属浓度变化以及趋势。如图8-19所示。

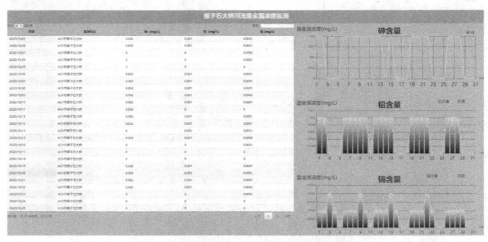

图8-19　猴子石大桥河流重金属浓度监测界面

　　图8-20至图8-22为2020年10月份河流中3种重金属浓度变化折线图，数据可视化能够让用户更直观地看到湘江中重金属浓度的变化趋势，且当鼠标悬停的时候，会显示具体的日期以及重金属浓度。

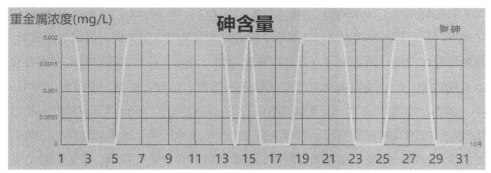

图8-20　2020年10月份监测点重金属砷浓度变化

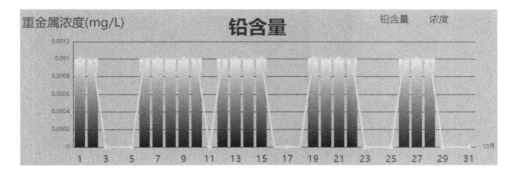

图8-21　2020年10月份监测点重金属铅浓度变化

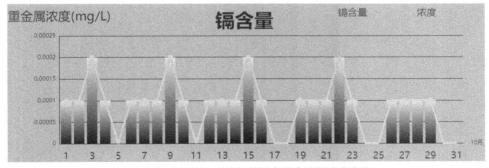

图8-22　2020年10月份监测点重金属镉浓度变化

本章小结

为构建中央政府、地方政府、涉重金属企业和公众之间的信息共享与协同平台，基于城市数字平台，系统采用 Internet 的 B/S 架构，运用超文本标记语言、

CSS 层叠样式表、JavaScript、MySQL 数据库技术、Bootstrap、ECharts 数据可视化技术以及高德开发平台 API，实现了前端页面登录与注册功能、页面跳转功能、数据可视化功能、河流监测点的实时监控功能；得到了各个监测点的水质实时数据（包括砷、铅、镉重金属浓度和高锰酸钾指数、总磷、氨氮、溶解氧、浊度、pH、水温、水质类别等）以及监测站点的实时监控图片、视频以及卫星影像图和监测点附近的实时交通情况；为解决突发事件（水质污染、大量废水排放）防范提供决策支持，为确定事件突发地点，调取当地的实时监控视频、查看附近的交通情况、联系最近的公安、医疗、环保部门以及寻找最佳救援路径提供技术支撑。

第九章　研究结论与政策建议

长江经济带既是黄金水道，也是生态廊道，其区域内重金属污染治理已初见成效，但水资源、水环境、水生态、水风险等多种问题纷繁复杂、相互交织，重金属污染风险防范形势依然严峻，需要立足生态系统整体性和长江经济带系统性提出体制机制创新方案，从而实现精准、科学、依法治理。

第一节　研究结论

在全面推动长江经济带高质量发展的重大国家战略背景下，本研究坚持"生态优先、绿色发展"理念，综合运用理论研究、实证分析、仿真模拟和系统开发等手段，深入开展长江经济带国家战略视野下适合该区域发展的重金属污染风险防范机制构建及应用研究，主要研究结论如下：

（1）开展了长江经济带重金属污染及风险防范现状调查，辨析了长江经济带重金属污染风险防范存在的5类问题，揭示了重金属污染风险防范的主要影响因素。

（2）确定了长江经济带重金属污染风险防范机制的基本内涵、原则、工作机制、技术手段和行为主体，为各区域科学合理运用重金属污染风险防范机制提供了理论基础。

（3）开展了长江经济带重点区域的重金属污染源调查，进行了污染源头解析；以湘江流域为研究样本，运用 WASP 模型软件，构建了湘江流域二维水质模型；综合运用重金属污染源解析方法和重金属污染核算方式，分析得到了区域砷、铅、镉浓度时间分异特征和空间耦合关系；从关键污染物、污染来源、污染途径、迁移方式、空间分布和城乡差别等角度揭示了湘江流域重金属污染迁移和分布规律，为有效管控重金属污染源提供了决策依据。

（4）构建了长江流域重金属污染风险评价体系，确定了各级指标的计算和分级依据。以皖南大型铜矿为研究样本，构建了大型矿区生产区、居住区、道路、河流等的精确地表三维模型，综合运用单因子风险评价法、潜在生态风险评价法完成了该区域健康风险评价和环境安全风险评价，获得了模糊综合评价结果。结果表明：重金属含量平均浓度顺序为：$Zn>Pb>Cu>As>Cd$，含量远超背景值，矿区5种重金属的潜在生态风险参数均高于平均潜在生态风险参数；土壤中重金属的潜在生态风险指数为787.29；土壤中非致癌重金属 Cu、Zn、Pb 的健康风险值 HQ 小于1，健康的风险相对较低，但各采样点的致癌重金属 Cd 和 As 的健康风险值 CR 的数量级均低于 $10^{-4} \sim 10^{-3}$，健康风险相对较高；生产区污染风险最高，居民区污染风险最低。

（5）厘清了重金属污染风险传导链条，确定了计算污染事故发生概率的方法，构建了全过程风险管理体系来满足日益复杂的风险管理需求。以赣北大型化工厂为研究样本，基于重金属污染风险全过程管理理论，提出了区域范围内重金属污染风险事前、事中、事后的管理措施及应急预案。

（6）明确了重金属污染风险防范中各行为主体进行演化博弈的目的，厘清了各主体的行为互动机制和利益诉求；分别构建了政府、企业、公众间的纵向博弈模型和相邻地方政府间的横向博弈模型，研究得到了多情景下博弈系统快速收敛的策略组合。

（7）以湘鄂两省的养殖业为研究样本，开展了养殖业重金属污染风险防范各行为主体演化博弈实证研究，研究表明：中央政府驱动是优化长江中游省份养殖企业的粪污资源化利用省域协同与行业高质量发展外部生态的重要助力。地方政府对当地养殖企业技术改造和设施改建进行资金扶持，引导农户购买产品，能够缓解企业在发展初期面临的资本投入压力与市场不稳定性问题，促使企业与农户向资源化利用的策略演化。企业在不同策略下的成本以及行业高质量发展新导向下的市场额外收益能够影响养殖企业与政府、农户的合作意愿。市场合理的利益分配机制与有效的动态激励机制是保障企业与农户选择资源化利用策略稳定性的重要手段。

（8）依托城市数字平台，分析了长江经济带重金属污染风险信息共享共通的管理需求，实现了对重金属污染源在线监控、监测数据管理、多源数据融合和数据分析与辅助决策功能集成，开发了全域重金属污染风险信息管理系统，为各主体环境管理、综合执法及突发事件管理提供决策支持。

第二节　政策建议

基于以上研究结论，在新发展阶段，为进一步提升长江经济带重金属污染风险防范工作效果，实现区域经济社会绿色发展，提出以下政策建议。

一、加大区域协同，促进环境管理理性决策

在大多数环境重金属污染事件中，受污染地区往往跨多个行政区，由于缺乏系统的跨区域污染补偿制度和转移支付机制，容易导致同一污染事件中各地方政府都不主动采取行动。加上治理污染具有较强的正外部性，假如邻近地区的政府积极控制污染，另一方则可以免费享受因环境改善而产生的效益，这将导致地方政府产生强烈的"搭顺风车"心理，形成非理性决策、各自为政的状态。在河流污染事件中，上游污染会对下游地区产生重大的负面影响，如果上游地区的地方政府选择治理污染，就需支付昂贵的治理费用，加重政府的财政负担，而下游地区地方政府通常不会积极主动补偿上游地区的污染治理，致使双方合作破裂，污染难以治理。

如果受影响地区政府给予排污地区政府足够的补偿，积极控制土地重金属污染，使排污地区政府满意，就可以形成合作关系。如果中央政府对采取治理环境重金属污染的地方政府提供适当的补贴，缓解地方政府的财政负担，就能够长期保持地方政府控制污染的主动性。因此有必要协调相邻地方政府间的利益关系，特别是上下游地区政府之间的关系，促进地方政府间达成合作共识和理性决策，共同治理重金属土壤污染，全面预防重金属污染风险。

首先，中央政府根据相关法律法规和"保护者受益，受益者付费"的原则，界定土地重金属污染中的制造方和受害方，即排污地区政府为补偿主体，受影响地区政府为补偿对象；其次，中央政府根据物价水平、居民收入水平、地方政府财政收入和当地经济发展水平等因素制定科学合理的补偿标准，既要满足制造方和受害方，同时又需将社会福利最大化，为地方政府之间的补偿协议提供重要参

考；最后，中央政府应建立相应完善的仲裁机制，提供平台以有效解决地方政府之间的利益冲突，避免地方政府之间因反复谈判产生较多行政成本。具体而言包括以下4个方面。

（一）强化全过程管理，发挥正向示范效应

当前，生态文明理念尚未渗透到涉重金属污染防范的工作细节中，部分地方政府没有积极响应中央政府的排污要求，甚至消极执行中央政府的环境政策。工作中缺乏外部激励措施，导致一线的执行者在风险逐级传导过程中（如污染源检查、对污染企业监督、治理重金属污染等）不够主动，重金属污染风险全过程管理机制流于纸面，很难落实到位。

因此，中央政府有必要采取有效措施，鼓励地方政府积极执行污染风险全过程管理，中央政府可以实施奖惩差别策略，提高中央政府奖惩措施的力度。一个地方政府采取行动控制污染，但另一个地方政府无作为时，中央政府对选择治理的地方政府双倍奖励，同时对选择不治理战略的地方政府给予加倍惩罚。双重策略加重了中央政府对地方政府的奖惩力度，并扩大了监管效力，比一般奖惩手段更能为地方政府提供强大的外部激励。此外，中央政府可根据实际情况调整差额奖励系数和差额惩罚系数，以取得有力的示范效果，鼓励地方政府和企业主动参与污染治理。

（二）扶持困难地区与环保企业

中央政府建立和完善重金属污染风险防范的转移支付制度，包括中央政府向地方政府的纵向转移支付制度和地方政府之间的横向转移支付制度。前者中央政府需要设立专项基金，向选择治理策略的地方政府提供适当补偿，减轻地方政府因控制污染而产生的财政负担；后者是排污地区政府主动向受害地区政府提供一笔赔偿金，补偿受影响地区政府的损失，减轻土地重金属污染的外部溢出效应。

中央政府有必要增加对涉重金属企业的技术扶持，推进产业现代化，提高企业的经营收益。与此同时，政府应加大向财政困难地区的转移支付，减少地方政府收入对高污染型工业的依赖，尤其是对少数大型重污染企业的依赖。

（三）设立"土壤污染保证金"制度

中央政府可以扩大土地环境保护补偿的范围，并在长江流域为环境保护补偿

建立交易市场，利用市场机制来确定土地环境要素的价格，避免因不合理的补偿价格而出现社会福利损失。可以通过控制土壤污染的成本费用和其他类型土壤污染造成的损失来确定要征收的"土壤污染保证金"。在使用土地之前应先检查土壤的环境质量，并提供能够反映土壤环境质量现状的定量数据。使用过程中，可以进行定期检查或突击抽查，比较使用前后的土壤环境质量参数以及土壤污染产生的其他损失，查明排污企业对土壤环境造成的破坏，并根据相应规定收取费用。

（四）推广先进环保技术，降低环保成本

为了达到防止重金属污染风险的目标，依托长三角科技实力优势，综合运用信息技术，优化重金属污染风险防范技术，降低防范成本。长江中上游大部分涉重金属企业生产技术水平落后、设备陈旧、能耗高、污染严重、工程技术水平低，不利于长江流域土地环境的保护。因此有必要增加对企业技术创新的投资，依托上海、江苏等高科技企业的研发实力，提高长江上游高污染企业的现有生产能力，发展先进生产技术和环境保护技术，有效保护长江生态环境。

二、强化污染普查，推进污染源集成管理

重金属污染源普查工作，对于准确判断长江经济带各区域重金属污染形势，制定实施有针对性的重金属污染风险防范政策，不断提高环境治理的系统化、科学化、法治化、精细化和信息化水平，加快推进生态文明建设，补齐全面建成小康社会的生态环境短板具有重要意义。

长江经济带中湖南、广西、贵州和重庆之间的交界地区，以及江西和安徽部分有色金属传统矿区既是重要的有色金属生产基地，又是国家传统经济落后地区，多年来，锰、铜和铅锌矿业迅速发展，给当地环境造成严重的重金属污染，尽管中央和地方政府致力于解决地方污染问题，但大多数排污企业承担不起高昂的污染控制成本和设备，从而减缓了防范与治理工作。此外，一些先进的重金属污染风险预防方法，如生物修复方法，由于其发挥作用的周期较长，很多地方政府和企业仍处于尝试与试点阶段。这些重点地区的污染源头治理直接关系到整个长江经济带的重金属污染风险防范工作效果。

（一）定期开展重金属污染源普查与风险评估

运行信息技术大力推进重金属污染源普查与风险评估工作，加强环境监督管

理，分析长江流域涉重金属企业与环境污染有关的重要信息，建立健全各类重点污染源档案和各级污染源信息数据库，为制定经济社会政策提供依据。

尽管现已存在针对重金属工业"三废"处理的相关法律法规，但受技术和成本制约，可操作性并不高。依据废物类型，建立公益性或盈利性的回收处理机构，前者回收难以处理的有毒和危险废物，后者回收能够控制排放的有毒和危险废物，并鼓励企业减少排放，同时政府制定相应的配套政策。

（二）建立涉重金属产品的"绿色电子身份证"制度

建立产品溯源机制，"绿色电子身份证"作为产品信息的绿色标记，用于证明产品（包括原材料及内部组件）在制造过程中对环境的影响是否符合法律法规，从而推动重金属产品链的环境管理，鼓励企业公开环境信息。

三、依托城市数字化平台，提高综合执法能力

环境综合执法对政府治理能力和治理体系提出很高要求，包括立案管理、预案管理、现场执法、联合执法等环节。而长江流域大多数涉及重金属的环境污染事件，地方政府与排污企业都有一定的责任，地方政府往往迫于政府绩效考核、地方经济发展目标和自身经济利益的压力，容忍排污企业违规排放污染物，造成环境的破坏，导致财产损失和人民身心健康遭受损害等。若各级政府能够利用好信息技术，及时掌握污染动态，严惩涉事主管官员与企业，将有效防止合谋现象出现，在较长的时间段内保持环保执法的威慑效力，保障重金属污染风险防范的成果。

依托城市数字化平台，设立跨区域的长江流域生态执法监督部门，在各省、市、县派出直属机构，受环保部的统一领导，独立于各级地方政府。环保部可以对全国各地区的土地环境实行纵向统一管理，既能及时充分地掌握长江流域各地区环境质量状况，又能监督地方政府和排污企业所采取的环保行动。一旦发生重金属污染事件，环保部可以直接向中央报告情况，严惩当地官员与排污企业，对违法违纪的官员给予严厉的行政和经济制裁，同时对违规排污企业予以关闭，对企业相关负责人进行经济制裁甚至是追究刑事责任。

大力推动省级环保机构由国家环保局负责，省级以下环保机构由省级环保机构垂直领导。各辖区环保机构，即市县环保机构调整为省环保局派出机构（分局）或直属机构，由省环保局统一领导和管理。当地方环保机构脱离地方政府的约束

时，环境保护的工作效率将大大提高。

四、推广绿色 GDP 理念，改善政府绩效考核体系

长江流域是我国重要的工农业生产区，在长江经济带地方政府绩效评估制度中，地方经济发展成就一直占据最重要地位，这对地方政府产生了扭曲的激励作用，导致地方政府只在乎经济产出，忽视环境保护。尽管《中华人民共和国环境保护法》规定地方政府有责任保护当地环境，但在面临巨大的政绩考核压力时，地方政府往往会牺牲环境，刺激地方经济增长，包括降低企业上市门槛、削弱审批后监管工作、放松土地环境监测，甚至容忍企业违反规定排放污染物等。尽管在短期内地方经济取得了重大进步，但会导致土地重金属污染事件持续发生。

因此，中央政府有必要改革单一化的政绩考核制度，改变传统的以地方经济成就为主要指标的考核标准，并根据实际情况适当提高土地环境质量在绩效考核制度中的比重，有效地防止地方政府以牺牲环境来带动经济增长。同时中央政府借鉴绿色 GDP 评估机制，根据我国实际情况，优化地方政府治理污染的激励机制，完善地方政府的绩效评估制度，建立全面的生态环境评估指标体系，提高该体系在评估地方政府和官员绩效中的权重，充分调动地方政府保护长江流域生态环境的积极性。建立全面绿色 GDP 核算制，制定土地资源环境价值核算计划，并基于每个区域的实际情况评估环境重金属污染的实际损失，同时纳入地方政府的绩效考核中。这不仅能准确量化各地区环境损失，而且能促使地方政府长期保持保护生态环境的积极性，履行好监管职能。

五、综合运用市场手段与政府力量，完善环保奖惩机制

长江经济带各地方政府通常对排污企业采用定量罚款与责令整改的惩治方式，缺乏市场化、常态化的奖惩机制。尽管国家在防范长江经济带重金属污染风险工作中投入了大量的人力、物力、资金与技术，但排污企业往往会通过观察分析政府的监管力度、监管频率等信息，动态调整自身的排污策略，导致重金属污染治理工作忽紧忽松，治理效果良莠不齐，从而易出现"污染反弹"现象，难以从根本上控制重金属污染。

（一）明确重金属污染的责任方

规范土地的产权制度，明确土地使用过程中每个产权主体的权责与义务，并将土地环境质量纳入土地使用价值，使土壤污染的责任主体清晰化。将土地权利细分为通行权、地役权、发展权、销售权、租赁权、转让权、赠予权、抵押权和收入权等。在此基础上，明确界定各项权利的内涵。在保护土壤环境方面，明确区分土地所有者和土地使用者各自的权利，并且有明确的标准来判定土地污染责任的主体。

（二）完善环境经济政策

我国目前的排污收费相关制度尚不完善，无法有效地解决企业污染控制的外部性问题。为此，需要改革政策，包括提高惩罚力度、协调相同污染问题的各种法律和条例、完善污染排放量的评估方法与技术，同时为实行排放权交易提供技术和资金的支持。实行成本相对较低的污染物税收制度，直接向企业征收排放污染物税。

（三）采取动态的惩罚策略

政府对企业的惩治方式不再是固定模式下的，而是与排污企业自身的污染治理行为密切相关，即惩罚力度与选择"治理"策略的概率、企业非法排放造成污染严重程度之间存在正相关，将惩罚机制、企业行为与环境状况有机结合，改变企业的环境保护观念，并确保企业始终关注生产活动中的排污行为，对预防和控制重金属污染产生长期效果。前文仿真分析表明，动态惩罚策略可以使演化博弈系统快速收敛到理想的均衡策略，显著降低博弈过程的不稳定性，有效遏制"污染反弹"现象。

六、壮大环境保护力量，支持环保机构发展

长江三角地区经济社会发展快，人们生活水平高，环保意识强，可加大力度培养独立于地方政府的长江流域环境保护组织，例如相对独立的重金属环境监测机构，重金属工业"三废"的回收利用机构等。非政府组织可以获取较多关于重金属污染和重金属回收利用的相关信息，有助于解决政府与企业之间信息不对称的问题，方便地方政府部门根据相应的环境信息动态制定政策和环境考核绩效。

非政府组织作为社会利益相关者的主要代表，是公众联系政府与企业的有效桥梁，其可以代表民众与政府、企业进行平等协商，从而拓宽公众参与防止重金属污染风险工作的渠道。政府可以根据第三方提供的企业环境风险预警信息，有针对性地对企业进行监控，制定相应的制度以降低政府收集环境信息的成本，同时也保证环境信息的真实性和可靠性，其他利益相关方也可以了解到真实的环境信息并提出合理的环保诉求。政府可研究和制定相应的政策条例，为非政府组织提供适当的物质与技术支持，确保其交流与活动的空间，以扩大非政府组织的规模、科技能力，提高工作人员的专业水平，促进重金属污染风险防范的全面推进。

七、鼓励公众积极参与，完善公众监督渠道

长江经济带覆盖广、关联性强，由于环境信息的不对称，公众往往无法掌握排污企业污染环境的全部信息，无力约束企业非法排放污染物。社会大众作为环境重金属污染的直接受害方，对企业污染环境感受最深。

政府应扩宽公众参与渠道，鼓励公众广泛积极地参与到重金属污染防范工作中，提高公众参与环保工作的积极性，完善地方政府环境治理能力。在具体的实施环节，开设环境保护政府热线和电子邮件，鼓励媒体机构揭露重金属污染事件，使地方政府能够及时掌握污染信息，迅速处理重金属污染的案件，严惩重金属污染的责任方。

此外，随着公众生活水平不断提高，政府应提高环境标准，如污染排放标准、环境技术标准、环境质量标准等，建立保护环境的专门网站，构建环境信息公开机制，提高环境信息的透明度，以便公众及时了解关于环境的各种规章标准和环境保护的关键信息。

公众参与重金属污染风险防范工作，不仅要承担高昂费用，还可能承担一定风险，政府应根据相应情况制定科学合理的激励措施，补偿公众的维权费用，同时降低公众监督环境污染行为给自己带来的风险，确保其合法权益与人身安全，维持公众参与重金属污染风险防范工作的长期积极性。

参考文献

[1] 孟紫强. 环境毒理学 [M]. 北京：中国环境科学出版社，2000.

[2] 廖国礼，吴超. 资源开发环境重金属污染与控制 [M]. 长沙：中南大学出版社，2006.

[3] 奚旦立，孙裕生，刘秀英. 环境监测 [M].3版. 北京：高等教育出版社，2004.

[4] 国家环境保护总局《水和废水监测分析方法》编委会. 水和废水监测分析方法 [M].3版. 北京：中国环境科学出版社，1989.

[5] 王健康，周怀东，陆瑾，等. 三峡库区水环境中重金属污染研究进展 [J]. 中国水利水电科学研究院学报，2014，12（1）：49-53.

[6] 张旺，万军. 国际河流重大突发性水污染事故处理：莱茵河、多瑙河水污染事故处理 [J]. 水利发展研究，2006（3）：56-58.

[7] 袁倩. 日本水俣病事件与环境抗争：基于政治机会结构理论的考察 [J]. 日本问题研究，2016，30（1）：47-56.

[8] 江虹，齐水冰，涂燕红. 某市重金属污染源调查步骤及存在的问题 [J]. 知识经济，2018（23）：61-62.

[9] 周静远. 地下水环境污染治理及风险防范 [J]. 城市建设，2019（21）：35-37.

[10] 赵伦. 重金属污染与防治的研究进展 [J]. 中国环境管理干部学院学报，1995（2）：55-59，50.

[11] STEEL B S. Thinking globally and acting locally?: environmental attitudes, behaviour and activism[J]. Journal of environmental management, 1996, 47:27-36.

[12] NORRIS G L, CABLE S. The seeds of protest:from elite initiation to grassroots mobilization[J]. Sociological perspectives, 1994, 37(2): 247-268.

[13] HÅRSMAN B, QUIGLEY J M. Political and public acceptability of congestion pricing: ideology and self-interest[J]. Journal of policy analysis and management,

2010, 29(4): 854-874.

[14] ANDERSSON R, QUIGLEY J M, WILHELMSSON M. Urbanization, productivity, and innovation:evidence from investment in higher education[J]. Journal of urban economics, 2009, 66(1): 2-15.

[15] POLLNER J D. Managing catastrophic disaster risks using alternative risk financing and pooled insurance structures[M]. Washington: World bank publications, 2001.

[16] HAKANSON L. An ecological risk index for aquatic pollution control. A sedimentological approach[J]. Water Research, 1980, 14(8): 975-1001.

[17] 关伯仁. 评内梅罗的污染指数 [J]. 环境科学，1979（4）：67-71.

[18] TOMLINSON D L, WILSON J G, HARRIS C R, et al. Problems in the assessment of heavy-metals levels in estuaries and the formation of a pollution index[J]. Helgoländer meeresuntersuchungen, 1980(1/2/3/4), 33:566-575.

[19] MÜLLER G. Index of geoaccumulation in sediments of the Rhine River[J]. Geojournal, 1969, 2:108-118.

[20] JOHNSON D K, STORANDT M, BALOTA D A. Discourse analysis of logical memory recall in normal aging and in dementia of the Alzheimer type[J]. Neuropsychology, 2003, 17(1): 82-92.

[21] SHUKOR Y, BAHAROM N A, RAHMAN F A, et al. Development of a heavy metals enzymatic-based assay using papain[J]. Analytica chimica acta, 2006, 566(2): 283-289.

[22] KAYSER A, WENGER K, KELLER A, et al. Enhancement of phytoextraction of Zn, Cd, and Cu from calcareous soil: the use of NTA and sulfur amendments[J]. Environmental science & technology, 2000, 34(9): 1778-1783.

[23] ALKORTA I, HERNÁNDEZ-ALLICA J, BECERRIL J M, et al. Recent findings on the phytoremediation of soils contaminated with environmentally toxic heavy metals and metalloids such as zinc, cadmium, lead, and arsenic[J]. Reviews in environmental science and biotechnology, 2004, 3(1): 71-90.

[24] DALTON L R, STEIER W H, ROBINSON B,et al. From molecules to opto-chips: organic electro-optic materials[J]. Journal of materials chemistry, 1999, 9: 1905-1920.

[25] LIAO M T, HEDLEY M J, WOOLLEY D J, et al. Copper uptake and translocation in chicory (Cichorium intybus L. cv. Grasslands Puna) and tomato (Lycopersicon esculentum Mill. cv. Rondy) plants grown in NFT system. I. Copper uptake and distribution in plants[J]. Plant and soil, 2000, 221(2): 135-142.

[26] 孙麟. 我国有色金属产业结构分析 [J]. 现代商贸工业, 2012, 24（12）: 7-8.

[27] 付在毅, 许学工. 区域生态风险评价 [J]. 地球科学进展, 2001, 16（2）: 267-271.

[28] 胡翠娟, 鞠美庭, 邵超峰. 风险沟通在港口环境风险管理中的应用 [J]. 海洋环境科学, 2010, 29（3）: 440-445.

[29] 王先良, 王春晖, 江艳, 等. 中国环境风险管理制度创新策略研究 [J]. 环境科学与管理, 2010, 35（11）: 12-16.

[30] 龙涛, 邓绍坡, 吴运金, 等. 生态风险评价框架进展研究 [J]. 生态与农村环境学报, 2015, 31（6）: 822-830.

[31] 宋文恩, 陈世宝, 唐杰伟. 稻田生态系统中镉污染及环境风险管理 [J]. 农业环境科学学报, 2014, 33（9）: 1669-1678.

[32] 胡乃武, 曹大伟. 绿色信贷与商业银行环境风险管理 [J]. 经济问题, 2011（3）: 103-107.

[33] 蒋庆瑞. 平顶山市环境空气质量与经济关系分析 [J]. 科教导刊, 2012（18）: 83-84, 103.

[34] 何德旭, 张雪兰. 对我国商业银行推行绿色信贷若干问题的思考 [J]. 上海金融, 2007（12）: 4-9.

[35] 段德罡, 张志敏. 城乡一体化空间共生发展模式研究: 以陕西省蔡家坡地区为例 [J]. 城乡建设, 2012（2）: 32-34.

[36] 蔡立燕, 徐倩昱, 卢佳友, 等. 化工企业水风险管控体系构建研究: 基于COSO框架视角 [J]. 财会通讯, 2021（16）: 124-128, 156.

[37] 房存金. 土壤中主要重金属污染物的迁移转化及治理 [J]. 当代化工, 2010, 39（4）: 458-460.

[38] 张磊, 宋凤斌. 土壤吸附重金属的影响因素研究现状及展望 [J]. 土壤通报, 2005, 36（4）: 628-631.

[39] 肖智, 刘志伟, 毕华. 土壤重金属污染研究述评 [J]. 安徽农业科学, 2010, 38（33）:

18812-18815.

[40] 李枫, 张微微, 刘广平. 扎龙湿地水体重金属沿食物链的生物累积分析 [J]. 东北林业大学学报, 2007（1）: 44-46.

[41] 何宝燕, 尹华, 彭辉, 等. 酵母菌吸附重金属铬的生理代谢机理及细胞形貌分析 [J]. 环境科学, 2007, 28（1）: 194-198.

[42] 康亭, 宋柳霆, 郑晓笛, 等. 阿哈湖和红枫湖沉积物铁锰循环及重金属垂向分布特征 [J]. 生态学杂志, 2018, 37（3）: 751-762.

[43] 张先福, 樊立超, 宋晓平, 等. Hg、As、Cr、Cd 在食物链中迁移规律的研究 [J]. 西北农林科技大学学报（自然科学版）, 2001, 29（1）: 103-105.

[44] 田大伦, 高述超, 康文星, 等. 冰冻灾害前后矿区废弃地栾树杜英混交林生态系统养分含量的比较 [J]. 林业科学, 2008, 44（11）: 115-122.

[45] 王智慧. 浅谈煤矿区周边土壤重金属污染及其综合防治 [J]. 现代盐化工, 2021, 48（3）: 57-58.

[46] 戴学龙, 蒋玉根, 裘希雅, 等. 提取液对土壤有效重金属含量与生物有效性的影响 [J]. 浙江农业科学, 2010（4）: 886-889.

[47] 程东祥, 张玉川, 马小凡, 等. 长春市土壤重金属化学形态与土壤微生物群落结构的关系 [J]. 生态环境学报, 2009, 18（4）: 1279-1285.

[48] 金文芬, 方晰, 唐志娟. 3种园林植物对土壤重金属的吸收富集特征 [J]. 中南林业科技大学学报, 2009, 29（3）: 21-25.

[49] 牛立元. 重金属污染土壤的植物修复 [J]. 河南科技学院学报（自然科学版）, 2010, 38（2）: 47-51.

[50] 王友保, 张凤美, 王兴明, 等. 芜湖市工业区土壤重金属污染状况研究 [J]. 土壤, 2006, 38（2）: 196-199.

[51] 吴贤汉, 江新霁, 张宝录, 等. 几种重金属对青岛文昌鱼毒性及生长的影响 [J]. 海洋与湖沼, 1999, 30（6）: 604-608.

[52] KALADHARAN P, ALAVANDI S V, PILLAI V K, et al. Inhibition of primary production as induced by heavy metal ions on phytoplankton population off cochin [J]. Indian journal of fisheries, 1990, 37(1):51-54.

[53] BORTHIRY G R, ANTHOLINE W E, MYERS J M, et al. Reductive activation of

hexavalent chromium by human lung epithelial cells: generation of Cr(V) and Cr(V)-thiol species[J]. Journal of inorganic biochemistry, 2008, 102(7):1449-1462.

[54] PENCE N S, LARSEN P B, EBBS S D, et al. The molecular physiolosy of heavy metal transport in the Zn/Cd hyperaccumlator *Thlaspi caerulescens*[J]. Proc Natl Acad Sci, 2000, 97(9): 4956-4960.

[55] 刘叶玲.重金属污染政府风险管理研究 [J]. 怀化学院学报，2014，33（12）：66-70.

[56] 段新，戴胜利.突发性水污染事件风险传导研究 [J].水生态学杂志，2019，40（3）：78-82.

[57] 金腊华，徐峰俊.水环境数值模拟与可视化技术 [M].北京：化学工业出版社，2004.

[58] 李爱霞，尹艳敏.公众环境保护意识对环保的影响 [J].黑龙江科学，2019，10（15）：152-153.

[59] 赵艳萍.浅析环境保护及环境保护意识的提高 [J].资源节约与环保，2018（9）：123.

[60] 周志超.公众参与生态环保工作的若干问题探讨 [J].资源节约与环保,2019（7）：143.

[61] 董战峰，龙凤.创新税收优惠政策助推环境污染第三方治理 [J].环境经济研究，2018，3（4）：168-176.

[62] 李晓君.《湖南省湘江保护条例》中重金属污染防治法律制度研究 [D].长沙：湖南师范大学，2017.

[63] 周强强，文帮勇，张娟，等.赣西典型小流域河道镉元素迁移规律研究 [J].东华理工大学学报（自然科学版），2019，42（4）：385-391.

[64] 王璐.促进环境保护的财政政策研究 [J].广西质量监督导报，2019（3）：199.

[65] 中国人民大学法学院课题组.重金属污染风险防范与应急法律机制研究 [J].中国环境法治，2012（2）：143-193.

[66] 罗孟君，陈宗高.重金属污染现状与对策分析 [J].广州化工，2016，44（3）：11-12.

[67] 周珂，林潇潇，曾媛媛.我国重金属污染风险防范制度的完善 [J].环境保护，2012（18）：19-21.

[68] 何志敏.治理环境污染须运用税收政策 [J].贵州财经学院学报，2000（1）：11-13.

[69] 杨苏才，南忠仁，曾静静.土壤重金属污染现状与治理途径研究进展 [J].安徽农业科学，2006，34（3）：549-552.

[70] 陈涛.我国土壤重金属污染现状及修复治理对策 [J].乡村科技，2018（23）：118-119，121.

[71] 何家钦.我国水体重金属污染现状与治理方法研究 [J].中国金属通报，2018（4）：242，244.

[72] 刘俭根.我国土壤重金属污染现状及治理战略 [J].资源节约与环保，2019（4）：145.

[73] 李宏昌.我国土壤重金属污染现状与治理方法 [J].科技经济导刊，2018，26（7）：104.

[74] 王珊，郑莉，张晓，等.某河流域典型地区农田土壤中重金属铅、镉、铬的生态和健康风险评估 [J].中国卫生工程学，2020，19（3）：321-325.

[75] 段文松，汪玥，黄观超，等.皖江典型城市黑臭河道表层沉积物重金属的季节分布特征及其源解析 [J].长江流域资源与环境，2022，31（6）：1334-1343.

[76] 谢伟城，彭渤，匡晓亮，等.湘江长潭株段河床沉积物重金属污染源的铅同位素地球化学示踪 [J].地球化学，2017，46（4）：380-394.

[77] 周军，马彪，高凤杰，等.河流重金属生态风险评估与预警 [M].北京：化学工业出版社，2017.

[78] 武菲，张昕川.长江经济带发展战略定位的历史演进及思考 [J].人民长江，2019，50（增刊1）：6-8.

[79] 刘朋超，麻泽浩，魏鹏刚，等.长江流域重金属污染特征及综合防治研究进展 [J].三峡生态环境监测，2018，3（3）：33-37.

[80] 董耀华，汪秀丽.长江流域水系划分与河流分级初步研究 [J].长江科学院院报，2013，30（10）：1-5.

[81] 曾刚，等.长江经济带协同创新研究：创新·合作·空间·治理 [M].北京：经济科学性出版社，2016.

[82] 陈庆俊，吴晓峰.长江经济带化工产业布局分析及优化建议 [J].化学工业，

2018，36（3）：5-9.

[83] 刘志峰，王斌，马颖忆，等 . 长江经济带人口与经济耦合的区域差异研究 [J]. 宏观经济管理，2018（6）：50-57.

[84] 张光贵 . 洞庭湖表层沉积物中重金属污染特征、来源与生态风险 [J]. 中国环境监测，2015，31（6）：58-64.

[85] 简敏菲，弓晓峰，游海 . 鄱阳湖流域重金属污染对湖区湿地生态功能的影响及防治对策 [J]. 江西科学，2003，21（3）：230-234.

[86] 孙恬，王延华，叶春，等 . 太湖北部小流域沉积物重金属污染特征与评价 [J]. 中国环境科学，2020，40（5）：2196-2203.

[87] 罗财红，吴庆梅，康清蓉 . 嘉陵江入江河段沉积物重金属污染状况评估 [J]. 环境化学，2010，29（4）：636-639.

[88] 侯佳儒 . 论我国环境行政管理体制存在的问题及其完善 [J]. 行政法学研究，2013（2）：29-34，41.

[89] 吕成 . 水污染规制之行政合作研究 [D]. 苏州：苏州大学，2010.

[90] 沈玉芳，罗余红 . 长江经济带东中西部地区经济发展不平衡的现状、问题及对策研究 [J]. 世界地理研究，2000，9（2）：23-30.

[91] 郑梦琪，王媛媛，西晴，等 . 长江经济带城镇居民收入差距的实证分析 [J]. 营销界，2019（52）：2-3.

[92] 吕郭栋 . 纳米氧化锌改性沸石对废水中重金属离子去除特性的研究 [D]. 西安：西安建筑科技大学，2018.

[93] 龚小波 . 湘江重金属污染综合治理市级政府协作机制研究 [D]. 湘潭：湘潭大学，2015.

[94] 徐继刚，王雷，肖海洋，等 . 我国水环境重金属污染现状及检测技术进展 [J]. 环境科学导刊，2010，29（5）：104-108.

[95] 刘德清 . 基于突发性水污染事件风险传导过程分析 [J]. 地下水，2020,42（1）：72-73，101.

[96] 段七零 . 长江流域的空间结构研究 [J]. 长江流域资源与环境，2009，18（9）：789-795.

[97] 于志磊，秦天玲，章数语，等 . 近年来长江流域植被指数变化规律及气候因

素影响研究 [J].中国水利水电科学研究院学报，2016，14（5）：362-366，373.

[98] 鞠琴，郝振纯，余钟波，等.IPCC AR⁴气候情景下长江流域径流预测 [J].水科学进展，2011，22（4）：462-469.

[99] 杨小林，程书波，李义玲，等.基于客观赋权法的长江流域环境污染事故风险受体脆弱性时空变异特征研究 [J].地理与地理信息科学，2015，31（2）：119-124.

[100] 王宏记，杨代才.基于 CIMISS 的长江流域气象水文信息共享系统设计与实现研究 [J].安徽农业科学，2014，42（32）：11565-11570.

[101] 李宗杰，宋玲玲，田青，等.甘肃省长江流域水土保持综合治理效益分析 [J].水土保持通报，2016，36（4）：244-249

[102] 耿润哲，王晓燕，段淑怀，等.小流域非点源污染管理措施的多目标优化配置模拟 [J].农业工程学报，2015，31（2）：211-220.

[103] 李维乾，解建仓，李建勋，等.基于元胞自动机与智能体的水污染可视化模拟仿真 [J].西北农林科技大学学报（自然科学版），2013，41（3）：213-220，227.

[104] 郭劲松，李胜海，龙腾锐.水质模型及其应用研究进展 [J].重庆建筑大学学报，2002，24（2）：109-115.

[105] 张明亮.河流水动力及水质模型研究 [D].大连：大连理工大学，2007.

[106] 冯启申，朱琰，李彦伟.地表水水质模型概述 [J].安全与环境工程，2010，17（2）：1-4.

[107] 侯智.基于 WASP 模型的大冶湖 TMDL 管理研究 [D].武汉：武汉理工大学，2018.

[108] 韩修益.重金属污染物在土壤中迁移规律研究 [J].中国资源综合利用，2018，36（7）：145-146，150.

[109] 胡冬舒.基于 WASP 的湘江长株潭段重金属水质模型研究 [D].湘潭：湘潭大学，2017.

[110] 王光生，程琳，刘汉臣.分布式流域水文模型的 DEM 数据处理 [J].水文，2012，32（1）：55-59.

[111] CHIEN L C, HUNG T C, CHOANG K Y, et al. Daily intake of TBT, Cu, Zn, Cd and As for fishermen in Taiwan[J].Science of the total environment, 2002, 285 (1/2/3): 177-185.

[112] 关小敏. 湘江长株潭段水体重金属污染特征及污染源解析 [D]. 长沙：湖南大学，2011.

[113] KUMPIENE J, LAGERKVIST A, MAURICE C. Stabilization of As, Cr, Cu, Pb and Zn in soil using amendments: a review[J]. Waste management, 2008, 28(l)：215-225.

[114] 隋红建，吴璇，崔岩山. 土壤重金属迁移模拟研究的现状与展望 [J]. 农业工程学报，2006，22（6）：197-200.

[115] 石朋，芮孝芳，瞿思敏，等. 一个网格型松散结构分布式水文模型的构建 [J]. 水科学进展，2008（5）：662-670.

[116] BEKHIT H M, HASSAN A E. Two-dimensional modeling of contaminant transport in porous media in the presence of colloids[J]. Advances in water resources, 2005, 28(12): 1320-1335.

[117] 陈文君，段伟利，贺斌，等. 基于 WASP 模型的太湖流域上游茅山地区典型乡村流域水质模拟 [J]. 湖泊科学，2017，29（4）：836-847.

[118] 章凯兵，康俊锋，付乐. 基于 WASP 的稀土矿区氮污染模拟：以龙南市为例 [J]. 环境污染与防治，2021，43(4):458-463.

[119] 朱瑶，梁志伟，李伟，等. 流域水环境污染模型及其应用研究综述 [J]. 应用生态学报，2013，24（10）：3012-3018.

[120] 梁雅雅，易筱筠，党志，等. 铅锌尾矿库对周围环境重金属污染风险评价指标的建立及方法 [J]. 生态学杂志，2018，37（6）：1772–1780.

[121] 邹长伟，江玉洁，黄虹. 重金属镉的分布、暴露与健康风险评价研究进展 [J]. 生态毒理学报，2022，17（6）：225-243.

[122] 左亚杰，郭璋，高文娟，等. 关中平原土壤重金属生态风险评价：以杨凌示范区为例 [J]. 干旱地区农业研究，2022，40（5）：260-267，276.

[123] 姬超，侯大伟，赵晓杰，等. 江苏省耕地土壤重金属健康风险强度空间集聚特征及影响因素 [J]. 资源科学，2023，45（1）：174-189.

[124] CUI H B, ZHANG S W, LI R Y, et al. Leaching of Cu, Cd, Pb, and phosphorus

and their availability in the phosphate-amended contaminated soils under simulated acid rain[J].Environmental science and pollution research, 2007, 24(26): 21128-21137.

[125] 张应华，刘志全，李广贺，等.基于不确定性分析的健康环境风险评价 [J]. 环境科学，2007，28（7）：1409-1415.

[126] 马妍，史鹏飞，彭政，等.国外污染场地制度控制及对我国场地风险管控的启示 [J].环境工程学报，2022，16（12）：4095-4107.

[127] 张笑辰，刘煜，张兴绘，等.江西省主要城市土壤重金属污染及风险评价 [J]. 环境科学与技术，2022，45（8）：206-217.

[128] 陶亚，雷坤，夏建新.突发水污染事故中污染物输移主导水动力识别：以深圳湾为例 [J].水科学进展，2017，28（6）：888-897.

[129] 范兆轶，刘莉.国外流域水环境综合治理经验及启示 [J].环境与可持续发展，2013，38（1）：81-84.

[130] 梅凯.重金属铬渣污染场地土壤修复研究及风险评价 [D].天津：天津大学，2018.

[131] 熊立新，秦亚光，汪伟，等.矿区土壤重金属污染安全风险计量与可视化表达 [J].科技导报，2017，35（8）：75–80.

[132] 尤洋.水质综合评价法及其应用研究：以潮河为例 [D].西安：西安理工大学，2007.

[133] 林长喜.跨界重大水污染事故风险源识别技术体系的研究与应用 [D].哈尔滨：哈尔滨工业大学，2009.

[134] 陈李宏.种业企业风险管理研究 [D].武汉：武汉理工大学，2008.

[135] 付蓉洁，辛存林，于奭，等.石期河西南子流域地下水重金属来源解析及健康风险评价 [J].环境科学，2023，44（2）：796-806.

[136] 张玉斌.重金属污染现状及防控策略 [J].环境保护与循环经济,2012,32（6）：4-7.

[137] 何理.水环境突发性与非突发性风险分析的理论和方法初步研究 [D].长沙：湖南大学，2002.

[138] 徐平.公路交通事故河流环境风险评价方法研究 [D].成都：西南交通大学，2008.

[139] 张巍，蒋军成，张明广，等 . 城市重大危险源普查与分级技术探讨 [J]. 安全与环境学报，2005，5（4）：105-108.

[140] 张巍 . 城市重大危险源监管信息系统设计与开发 [D]. 南京：南京工业大学，2005.

[141] 戴胜利，段新 . 突发性水污染事件污染传导类型研究 [J]. 环境保护科学，2019，45（2）：107-112.

[142] 余茜 . 农村跨域水污染合作治理机制研究：以 Y 河污染治理为例 [D]. 武汉：华中师范大学，2019.

[143] 赵鑫娜，杨忠芳，余涛 . 矿区土壤重金属污染及修复技术研究进展 [J]. 中国地质，2023，50（1）：84-101.

[144] 戴胜利，段新，杨喜 . 传导阻滞：府际关系视角下地方政府环境治理低效的原因分析 [J]. 领导科学，2018（23）：13-16.

[145] 戴胜利，余茜 . 长江流域水污染信息共享困境形成机理分析 [J]. 未来与发展，2018（1）：88-93.

[146] 杨利霞，李颖，刘靖祎，等 . 我国冶炼厂周边土壤重金属污染现状与风险评价 [J]. 地球环境学报，2022，13（5）：618-630.

[147] 邢永健，孙茜，王旭，等 . 突发环境风险评价方法探讨 [J]. 环境工程，2016，34（增刊1）：878-881.

[148] RAŠKA P, WARACHOWSKA W, SLAVÍKOVÁ L, et al. Expectations, disappointments, and individual responses: imbalances in multilevel flood risk governance revealed by public survey[J]. Journal of flood risk management, 2020, 13(3): e12615-1-14.

[149] 贾倩，黄蕾，袁增伟，等 . 石化企业突发环境风险评价与分级方法研究 [J]. 环境科学学报，2010，30（7）：1510-1517.

[150] BROWN W L, DAY D A, STARK H, et al. Real-time organic aerosol chemical speciation in the indoor environment using extractive electrospray ionization mass spectrometry[J]. Indoor air, 2020, 31(1): 141-155.

[151] 刘德海，赵悦，张旭 . 考虑信息搜索的环境污染群体性事件最优决策模型 [J]. 中国管理科学，2022，30（8）：1-10.

[152] 李胜，裘丽.基于"过程—结构"视角的环境合作治理模式比较与选择 [J].
中国人口•资源与环境，2019，29（10）：43-51.

[153] 黄杰生，李继志.重金属污染耕地"第三方治理"模式的现实困境与破解：
以长株潭地区为例 [J].经济地理，2020，40（8）：179-184，211.

[154] 俞振宁，谭永忠，练款，等.基于计划行为理论分析农户参与重金属污染耕
地休耕治理行为 [J].农业工程学报，2018，34（24）：266-273.

[155] 李芳，李新举.煤矿区农田重金属污染生态补偿机制探讨 [J].山东农业大学
学报（自然科学版），2017，48（6）：807-812.

[156] 刘德海，赵宁，邹华伟.环境污染群体性事件政府应急策略的多周期声誉效
应模型 [J].管理评论，2018，30（9）：239-245.

[157] 李文，李煜.试析用于环境水质分析的重金属检测技术 [J].江西建材，2017（23）：
246-247.

[158] 陈静锋，柴瑞瑞，刘德海，等.环境污染群体性事件误对策演化博弈分析：
基于大连 PX 事件的案例 [J].系统工程，2017，35（2）：51-59.

[159] 李拓.土地财政下的环境规制"逐底竞争"存在吗?[J].中国经济问题，2016（5）：
42-51.

[160] 刘杰，刘德海.环境污染群体性事件基于讨价还价的动态博弈网络技术模型
[J].中国人口•资源与环境，2016，26（增刊1）：70-74.

[161] 张跃胜.地方政府跨界环境污染治理博弈分析 [J].河北经贸大学学报，2016，
37（5）：96-101.

[162] 郑君君，何鸿勇.环境事件中个体策略与群体策略选择的行为实验研究 [J].
武汉大学学报（哲学社会科学版），2016，69（3）：82-89.

[163] 孙凤鹏，孙晓阳.低碳经济下环境 NGO 参与企业碳减排的演化博弈分析 [J].
运筹与管理，2016，25（2）：113-119.

[164] 张英菊.案例推理技术在环境群体性事件应急决策中的应用研究 [J].安全与
环境工程，2016，23（1）：94-99.

[165] 金帅，杜建国，盛昭瀚.区域环境保护行动的演化博弈分析 [J].系统工程理
论与实践，2015，35（12）：3107-3118.

[166] 杨云雪，鲁晓，董军.基于企业环境的网络安全风险评估 [J].计算机科学与
探索，2016，10（10）：1387-1397.

[167] 刘德海，韩呈军. 环境污染群体性事件的扩展式演化博弈模型 [J]. 电子科技大学学报（社科版），2015，17（5）：25-31，36.

[168] 李橙，赵阳，马雄飞. 重金属汞污染的危害及其治理研究 [J]. 绿色科技，2015（10）：255-258.

[169] 张跃胜，袁晓玲. 环境污染防治机理分析：政企合谋视角 [J]. 河南大学学报（社会科学版），2015，55（4）：62-68.

[170] 薛黎倩. 农业面源污染治理中农户与地方政府行为博弈分析 [J]. 台湾农业探索，2015（3）：30-34.

[171] 侯玉梅，朱俊娟. 非对称信息下政府对企业节能减排激励机制研究 [J]. 生态经济，2015，31（1）：97-102.

[172] 刘德海，陈静锋. 环境群体性事件"信息—权利"协同演化的仿真分析 [J]. 系统工程理论与实践，2014，34（12）：3157-3166.

[173] 陈文胜. 资源环境约束下中国农业发展的多目标转型 [J]. 农村经济，2014（12）：3-9.

[174] 张英菊. 环境风险治理主体、原因及对策 [J]. 人民论坛，2014（26）：75-77.

[175] 郑君君，刘璨，何鸿勇. 基于动态演化博弈的环境群体性事件舆论传播机制研究 [J]. 科技创业月刊，2014，27（8）：154-155，158.

[176] 李胜玉，谢红彬. 基于博弈论的城市褐色土地再开发利益冲突解析 [J]. 海南大学学报（自然科学版），2014，32（1）：80-87.

[177] 刘德海. 环境污染群体性突发事件的协同演化机制：基于信息传播和权利博弈的视角 [J]. 公共管理学报，2013，10（4）：102-113，142.

[178] 胡柳梅，谢红彬. 城市污染场地再利用的环境风险评价探析 [J]. 城市环境与城市生态，2013，26（4）：6-9.

[179] 王德明. 非政府组织参与群体性事件治理的功能研究：以浙江晶科能源环境污染事件为例 [D]. 上海：上海交通大学，2013.

[180] 赵润瑞. 不同补贴情形下电子废弃物再制造模式的博弈分析 [D]. 郑州：郑州大学，2012.

[181] 蒋志方，王德明，杜晓亮，等. 基于结构优化的 RAN 城市环境空气质量预测模型 [J]. 山东大学学报（工学版），2010，40（6）：1-7，87.

[182] 张蔚文，石敏俊，黄祖辉. 控制非点源污染的政策情景模拟：以太湖流域的平湖市为例 [J]. 中国农村经济，2006（3）：40-47.

[183] 郭正模. 加强对长江生态治理关键地区的投入和政策支持：四川金沙江干热河谷生态环境治理考察报告 [J]. 国土经济，2001（2）：32-34.

[184] 陈森林，郝庆一. 皖江地区企业污染治理的博弈分析 [J]. 安庆师范大学学报（自然科学版），2021，27（3）：87-91.

[185] 张志颖. 基于前景理论的化工生产监管演化博弈研究 [D]. 大连：大连理工大学，2021.

[186] 滕剑仑，欧阳华. 演化博弈分析视角下环保约谈对地方政府环境治理效率的影响研究 [J]. 广西财经学院学报，2021，34（3）：72-84.

[187] 景熠，杜鹏琦，曹柳. 区域大气污染协同治理的府际间信任演化博弈研究 [J]. 运筹与管理，2021，30（5）：110-115.

[188] 杨志，牛桂敏，兰梓睿. 左右岸跨界水污染治理演化博弈与政策路径研究 [J]. 中国环境科学，2021，41（11）：5446-5456.

[189] 张振华. 政府间协同治霾的演进逻辑及效果评价研究 [D]. 兰州：兰州大学，2021.

[190] 曹凌燕. 演化博弈视角下的城市空气污染地方治理研究 [J]. 统计与信息论坛，2021，36（4）：72-83.

[191] 易涛，栗继祖. 基于演化博弈的绿色矿山建设监管与仿真 [J]. 西安科技大学学报，2021，41（2）：363-374.